Ernst Probst

Tuebingosaurus

Der verkannte Dinosaurier
aus Trossingen

Dank

Für wertvolle Hilfe bei der Entstehung dieses Taschenbuches bedanke ich mich sehr herzlich bei PD Dr. Ingmar Werneburg, Kustos der Paläontologischen Sammlung am Senckenberg-Zentrum für Humanevolution der Universität Tübingen!

Impressum:
Tuebingosaurus.
Der verkannte Dinosaurier aus Trossingen
1. Auflage als Print-Buch: Juni 2023
Autor: Ernst Probst
Im See 11, 55246 Mainz-Kostheim
Telefon: 06134/21152
E-Mail: ernst.probst (at) gmx.de
Herstellung: Amazon Distribution GmbH, Leipzig

ISBN: 979-8-394-99674-0

Widmung

Dem Stuttgarter Wirbeltier-Paläontologen Dr. Rupert Wild gewidmet, der mich bei meinen ersten Artikeln über paläontologische Themen mit viel Geduld unterstützt hat. Foto: Staatliches Museum für Naturkunde, Stuttgart

Tübinger Paläontologe,
Professor Friedrich von Huene (1875–1969, links)
und der Präparator Friedrich („Fritz“) Kern (1912–1975, rechts)
bei der Präparation eines Skeletts,
das bei einer durch von Huene geleiteten Expedition
in Brasilien gefunden wurde.
Foto: Universität Tübingen (via Wikimedia Commons),
Lizenz: gemeinfrei (Public domain)

Vorwort

1921 und 1922 wurden bei einer Grabung im württembergischen Trossingen insgesamt 14 Skelett-Teile von Dinosauriern aus der Obertrias vor etwa 211 bis 203 Millionen Jahren entdeckt. Der Ausgräber, Professor Friedrich von Huene aus Tübingen, schrieb diese Funde der Gattung *Plateosaurus* zu, die 1837 von dem Frankfurter Forscher Hermann von Meyer anhand eines Fundes aus Mittelfranken erstmals beschrieben wurde. Hundert Jahre später erkannten 2022 die Wissenschaftler Dr. Omar Rafael Regalado Fernández und PD Dr. Ingmar Werneburg in den Sammlungen der Universität Tübingen, dass eine Hüfte aus Trossingen nicht von *Plateosaurus*, sondern von einer bis dahin unbekannten Gattung und Art stammte. Sie bezeichneten diese neue, schätzungsweise 2,30 Meter hohe, sechs Meter lange und zwei Tonnen schwere Spezies als *Tuebingosaurus maierfritzorum.*

*Plateosaurier in der Obertriaszeit in Süddeutschland.
Gemälde von Fritz Wendler (1941–1995)
für das Buch „Deutschland in der Urzeit" (1986)
von Ernst Probst. Die bis zu zehn Meter langen Plateosaurier
wurden mit acht Jahren geschlechtsreif
und nicht älter als 26 Jahre.*

Inhalt

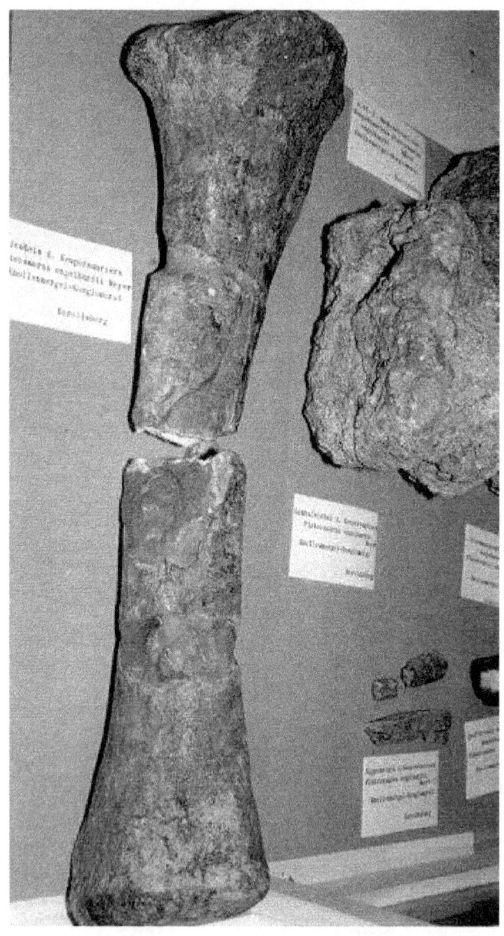

Knochen des ersten deutschen Dinosaurier-Fundes von 1834, zum Zeitpunkt der Aufnahme vor 1993 in einer Vitrine im Geologisch-Paläontologischen Institut der Universität Erlangen. An der Universität Tübingen befinden sich Abgüsse des ersten deutschen Dinosaurier-Fundes. Foto: Regina Cossmann, Visselhövede

Plateosaurus engelhardti

Der erste Dinosaurier in Deutschland

Die ersten Knochen eines Dinosauriers auf deutschem Boden kamen im Sommer 1834 in einer Tongrube zwischen bewaldeten Hügeln und Bächen östlich von Nürnberg in Mittelfranken zum Vorschein. Ihr Entdecker war der Nürnberger Lehrer und Chemiker, Professor Dr. Johann Friedrich Philipp Engelhardt (1797–1837). Er präsentierte seinen aufsehenerregenden Fund erstmals bei der 12. Versammlung Deutscher Naturforscher und naturforschender Ärzte, die vom 18. bis zum 24. September 1834 in Stuttgart abgehalten wurde.
Über den genauen Fundort sind sich die Chronisten nicht einig. Der damals in Erlangen tätige Geologe und Paläontologe Dr. Max Blanckenhorn (1861–1947) hielt 1897 in seiner Monographie über die Saurierfunde in Franken einen Steinbruch am Buchenbühl südlich der Stadt Heroldsberg für den Fundort. Das nordöstlich von Nürnberg gelegene Heroldsberg ist als Fundort des ersten deutschen Dinosauriers auch in die paläontologische Fachliteratur eingegangen. Wegen der unterschiedlichen Farben des umgebenden Gesteins und der fossilen Knochen lokalisierte der damals in München und später an der Technischen Universität Berlin sowie am Naturkundemuseum Stuttgart arbeitende Geologe und Paläontologe Dr. Max Urlichs den Fund 1966 eher in der Gegend zwischen Heroldsberg und dem südöstlicheren Güntersbühl. Andere Chronisten sehen in einem der Steinbrüche um Güntersbühl und Nuschelberg den Originalfundort, während nach anderer

Dr Joh. Fried. Phil. Engelhart

Professor der Chemie an der polytechnischen- und an der Kreis-Landwirthschafts- und Gewerbsschule in Nürnberg.

Eine biographische Skizze.

Beilage zum Programm und Jahresbericht der technischen Lehranstalten in Nürnberg pro $18^{36}/_{37}$.

Der Nürnberger Lehrer und Chemiker,
Professor Dr. Johann Friedrich Philipp Engelhardt (1797–1837),
gilt als Entdecker des ersten deutschen Dinosaurier-Fundes.
Er wurde am 16. Februar 1797 in dem Dorf Wildenstein bei Crailsheim (Württemberg) als Sohn eines evangelischen Landgeistlichen geboren und starb am 9. Juni 1837 in Nürnberg.
In der Literatur findet man die Schreibweisen Engelhardt, Engelhard und Engelhart des Familiennamens.
Das Bild oben zeigt den Titel einer „biographischen Skizze“, die 1839 nach dem frühen Tod von Engelhardt erschien.

209. Dr. Johann Friedrich Philipp Engelhart,

Professor der Chemie an der Polytechnischen- und an der Kreislandwirthschafts- und Gewerbsschule in Nürnberg;

geb. den 16. Febr. 1797 in dem Pfarrdorfe Wildenstein bei Crailsheim (Würtemberg), gest. den 9. Juni 1837 *).

Sein Vater, ein kenntnißreicher Landgeistlicher, jetzt Pfarrer in Bach, Landgerichts Nürnberg, war nicht nur sein Erzieher, sondern auch bis zu seinem 13. Lebensjahre sein alleiniger Lehrer, der ihn in den Lehrgegenständen der lateinischen Schule, zur Vorbereitung für das Gymnasium und in den neuen Sprachen unterrichtete. Schon in dem Knaben zeigte sich ein ernster Sinn und ein innerer, mit beharrlichem Fleiße verbundener Trieb zum Studium der Naturwissenschaft. Nachdem er ein Jahr lang das ehemals in Nürnberg bestandene Realinstitut besucht hatte, trat er in eine angesehene Material- und Drogueriewaarenhandlung in Nürnberg, in welcher er 3½ Jahr als Lehrling und eben so lange als Kommis zur voll-

*) Nach der Beilage zum Programm im Jahresbericht der techn. Lehranstalt zu Nürnberg pro 18 36/37.

Nachruf auf den Lehrer, Chemiker und Entdecker des ersten deutschen Dinosauriers, Professor Dr. Johann Friedrich Philipp Engelhardt (1797–1837), in „Neuer Nekrolog der Deutschen, Fünfzehnter Jahrgang, Erster Theil", Weimar 1839

Englischer Zoologe und Anatom,
Professor Richard Owen (1804–1892).
Foto: (via Wikimedia Commons),
Lizenz: gemeinfrei (Public domain)

Meinung wieder der weiter südöstlich gelegene Ort Altdorf dieses Prädikat für sich beanspruchen kann.
Die Entdeckung des ersten Dinosauriers in Deutschland fiel in eine Zeit, in der man kaum etwas über diese Tiere der Urzeit wusste. Zwar waren schon etwa zehn Jahre zuvor im südlichen England fossile Zähne und Knochen gefunden worden, die von ausgestorbenen gigantischen Reptilien stammen sollten. Aber die Existenz der Dinosaurier war 1834 noch nicht Allgemeingut. Der Begriff „Dinosauria" war damals in der Wissenschaft noch nicht eingeführt. Er wurde erst sieben Jahre später, im August 1841, von dem englischen Zoologen und Anatom, Professor Richard Owen (1804–1892), geprägt. Immerhin entstand schon in den Jahren davor bei einigen Wissenschaftlern aufgrund der in England geborgenen Funde die Vorstellung von riesigen ausgestorbenen Tieren, die zum einen viel mit heutigen Reptilien gemeinsam hatten, gleichzeitig aber mit ihren säulenartigen Beinen an Elefanten und andere dickhäutige Säugetiere erinnerten. Auch ein deutscher Gelehrter teilte diese Vorstellungen:
Hermann von Meyer, geboren am 3. September 1801 in Frankfurt am Main und gestorben am 2. April 1869, war ohne Zweifel einer der bedeutendsten Paläontologen des 19. Jahrhunderts, ohne es von Beruf her je gewesen zu sein. Zwar hatte er in München auch Vorlesungen über Mineralogie gehört, aber die Semester, in denen er in Heidelberg Volkswirtschaftslehre studierte, wurden für seinen beruflichen Werdegang sehr viel entscheidender. Als von Meyer 1837 den ersten deutschen Dinosaurier beschreiben sollte, war er Kontrolleur bei der deutschen Bundeskassenverwaltung in Frankfurt am Main. Trotz seiner Beamtenlaufbahn blieb von Meyer seinen wissenschaftlichen

Frankfurter Wirbeltier-Paläontologe Hermann von Meyer (1801–1869). Bild: (via Wikimedia Commons), Lizenz: gemeinfrei (Public domain)

Interessen treu. Es gelang ihm, sich neben seinem Beruf auch weiterhin mit fossilen Wirbeltieren zu beschäftigen. Bald hatte er einen so guten Ruf, dass er von überall Funde zur Bearbeitung bekam. Deshalb schickte auch Dr. Engelhardt seinen fränkischen Fund an Hermann von Meyer zur Begutachtung.
Seine Erkenntnisse publizierte von Meyer am 4. April 1837 in Form eines Briefes im „Neuen Jahrbuch für Mineralogie, Geologie und Paläontologie“: „Herr Dr. Engelhardt in Nürnberg brachte zur Versammlung der Naturforscher in Stuttgart einige Knochen von einem Riesenthier aus einem Breccien-artigen Sandstein des oberen Keupers seiner Gegend. Derselbe hatte die Gefälligkeit, mir alle Knochen, welche aus diesem Gebilde herrühren, mitzutheilen. Ich habe sie bereits untersucht und die besten davon, welche in fast vollständigen Gliedmaßen-Knochen und in Wirbeln bestehen, abgebildet. Dieser Fund ist von großem Interesse. Die Knochen rühren von einem der massigsten Saurier her, welcher infolge der Schwere und Hohlheit seiner Gliedmaßenknochen dem *Iguanodon* und *Megalosaurus* verwandt ist und in die zweite Abtheilung meines Systems der Saurier gehören wird. Keiner seiner Verwandten war bisher so tief im Europäischen Kontinent und aus so einem alten Gebilde bekannt. Diese Reste gehören einem neuen Genus an, das ich *Plateosaurus* nenne; die Species ist *Pl. Engelhardti.* Das Ausführliche darüber werde ich später bekannt machen.“ Bei der wissenschaftlichen Erstbeschreibung erklärte Meyer nicht, warum er den Gattungsnamen *Plateosaurus* wählte. Dieser Begriff wird mit „Flache Echse“, „Breite Echse“ oder „Breitweg-Echse“ übersetzt.
Indem von Meyer den fränkischen Fund in enge Verwandt-

Leguanzahn-Dinosaurier Iguanodon *in der Unterkreidezeit. Gemälde von Fritz Wendler (1941–1995) für das Buch „Deutschland in der Urzeit" (1986) von Ernst Probst*

Raub-Dinosaurier Megalosaurus *in der Oberjurazeit.*
Gemälde von Fritz Wendler (1941–1995)
für das Buch „Deutschland in der Urzeit" (1986)
von Ernst Probst

Herr Dr. Engelhardt in *Nürnberg* brachte zur Versammlung der Naturforscher in *Stuttgart* einige Knochen von einem Riesenthier aus einem Breccien-artigen Sandstein des obern Keupers seiner Gegend. Derselbe hatte die Gefälligkeit, mir alle Knochen, welche aus diesem Gebilde herrühren, mitzutheilen. Ich habe sie bereits untersucht und die besten davon, welche in fast vollständigen langen Gliedmassenknochen und in Wirbeln bestehen, abgebildet. Dieser Fund ist von grossem Interesse. Die Knochen rühren von einem der riesenmässigsten Saurier her, welcher zufolge der Schwere und Hohlheit seiner Gliedmassenknochen dem Iguanodon und Megalosaurus verwandt ist, und in die zweite Abtheilung meines Systems der Saurier gehören wird. Keiner seiner Verwandten war bisher so tief im *Europäischen* Kontinent und aus einem so alten Gebilde bekannt. Diese Reste gehören einem neuen Genus an, das ich Plateosaurus nenne; die Species ist Pl. Engelhardti. Das Ausführliche darüber werde ich später bekannt machen.

Noch muss ich Ihnen mittheilen, dass ich bei Untersuchung vieler vereinzelten Knochen von Pterodactylus aus dem Lias der Gegend von *Bayreuth* entdeckt habe, dass einige derselben mit Luftlöchern versehen sind, wie gewisse Vögelknochen, wodurch eine neue Seite der Annäherung zu diesen gegeben, aber auch eine Verwechselung mit Vögelknochen noch leichter möglich ist.

Herm. v. Meyer.

Wissenschaftliche Erstbeschreibung des ersten deutschen Dinosaurier-Fundes am 4. April 1837 in Form eines Briefes im „Neuen Jahrbuch für Mineralogie, Geologie und Paläontologie" durch den Frankfurter Wirbeltier-Paläontologen Hermann von Meyer (1801–1869). Dabei schlug er den heute noch gültigen wissenschftlichen Namen Plateosaurus engelhardti *vor.*

schaft zu den beiden englischen Entdeckungen stellte, welche die Namen *Iguanodon* („Leguanzahn-Echse") und M*egalosaurus* („Große Echse") erhalten hatten, bewies er wissenschaftlichen Weitblick. Diese ersten Repräsentanten des neu zu benennenden Riesengeschlechtes aus dem Erdmittelalter waren eineinhalb Jahrzehnte zuvor in südenglischen Steinbrüchen aufgetaucht und stellten sozusagen die Prototypen dar, nach denen Richard Owen 1841 seine „Dinosauria" bezeichnen sollte. Doch Hermann von Meyer schwebte eine eigene Systematik für die „Schreckensechsen" des Erdmittelalters vor. Schon 1830 erfand er für sie den Namen „Pachypoda", die „Schwerfüßer" – aufgrund ihrer mächtigen Gliedmaßen-Knochen und in Anlehnung an moderne Großsäugetiere. Diese Bezeichnung und das dazugehörige System, in das er die fossilen Saurier stellte, wurden von ihm auch 1840 und später noch benutzt und weitergeführt. Hätte er es wissenschaftlich begründet und scharf umrissen und nicht in unverbindlicher Tabellenform dargestellt, hätte ihm und nicht Richard Owen das „Copyright" für die Entdeckung der Dinosaurier als einer einheitlichen Gruppe zugestanden. Dies war jedenfalls schon damals die Meinung von Owens Gegner, des englischen Zoologen, Professor Thomas Henry Huxley (1825–1895). Aber so ging Owens Vorschlag in die Annalen der Paläontologie ein und nicht von Meyers, andernfalls hätte es die „Dinosauria" nie gegeben, sondern die „Pachypoda".

Dennoch hatte Hermann von Meyer mit seiner Benennung der fränkischen Knochen aus der Triaszeit eine glückliche Hand gehabt: Weltweit gesehen war es der siebte Dinosaurier, der einen Namen bekommen hatte (darunter befanden sich allerdings zwei Gattungen, die nur auf

Englischer Zoologe,
Professor Thomas Henry Huxley (1825–1895).
Bild: (via Wikimedia Commons),
Lizenz: gemeinfrei (Public domain)

Zahnfunden begründet waren und heute nicht mehr gültig sind, so dass *Plateosaurus* eigentlich der fünfte vergebene Dinosauriername war).Von Meyers Bezeichnung *„Plateosaurus engelhardti“* („Engelhardts flache Echse“) blieb auch später erhalten, heute ist sie sogar für alle deutschen Plateosaurier-Funde gültig. Gleichzeitig ist der zuerst gefundene Dinosaurier aus Deutschland bis heute der berühmteste geblieben.

Tübinger Paläontologe,
Professor Ernst Koken (1860–1912),
Leiter einer Grabung von 1906 im Stubenstandstein
in einem Steinbruch der Unteren Mühle bei Trossingen.
Foto: Tobias-Bild, Universitätsbibliothek Tübingen,
Aufnahme nach 1900

Dinosaurier-Grabungen in Trossingen

Fast 100 Funde bei sechs Kampagnen

Um 1904 gab es erste Berichte über Funde von Dinosaurier-Knochen aus Trossingen, der kleinen Stadt zwischen dem Feldberg und dem Bodensee. 1906 erfolgte in einem Steinbruch der Unteren Mühle bei Trossingen eine Grabung des Tübinger Paläontologen Ernst Koken (1860–1912). Dabei wurde im Stubensandstein ein Skelett des Raubsauriers *Teratosaurus*, der kein Dinosaurier ist, entdeckt und von dem Paläontologen Friedrich von Huene geborgen.

Im Winter 1909 entdeckte der Schüler Hermann Weiß auf dem fast 20 Meter hohen, steilen und glitschigen Nordhang des Trosselbaches an der Oberen Mühle nordöstlich von Trossingen im Knollenmergel zufällig einen Dinosaurier-Knochen. Als er auf der natürlichen Rutschbahn – „Rutschete" genannt –, auf einem Blech zu Tal flutschte, riss ein aus dem violetten Mergelgestein ragender fossiler Knochen seinen Hosenboden auf.

Von diesem Vorfall kursieren in der Literatur unterschiedliche Versionen. Teilweise heißt es, die Rutschpartie sei erst 1910 oder im Schnee erfolgt. Nicht Hermann, sondern andere Kinder hätten nach dessen Hosenriss statt eines Knochens als Ursache des Malheurs mehrere entdeckt. Hinterher zeigte Hermann angeblich einen 21 Zentimeter langen und sieben Zentimeter dicken Knochen seinem Lehrer Friedrich Gottlob Munz. Wie dieser Knochen aus-

Hermann Weiß aus Trossingen fand 1909 als Schüler am Nordhang des Trosselbachtals fossile Knochen von Plateosaurus *und löste damit große Grabungen im Knollenmergel der Trossinger Fundstelle „Rutschete“ aus. Foto: Staatliches Museum für Naturkunde, Stuttgart*

sah, verrät ein Ausstellungsobjekt im Museum Auberlehaus in Trossingen. Es sei nicht verschweigen, dass auch behauptet wird, statt Hermann hätten andere Kinder Knochen zum Lehrer Munz gebracht. Unstrittig ist, dass Munz einen Knochen an das Königliche Naturalienkabinett in Stuttgart zu Professor Eberhard Fraas schickte. Fraas war Konservator an der Geologisch-Paläontologischen Abteilung des Stuttgarter Naturalienkabinetts. Kurz nachdem Fraas den Mittelfuß-Knochen eines Dinosauriers aus Trossingen erhalten hatte, besichtigte er die Fundstelle. Am Hang des Trosselbaches erkannte er sofort, dass an mindestens fünf verschiedenen Stellen Dinosaurier-Knochen herauswitterten.
Trossingen war in der ersten Hälfte des 20. Jahrhunderts der Schauplatz der aufwändigsten und erfolgreichsten Dinosaurier-Grabungen, die jemals in Deutschland stattgefunden haben. Im Knollenmergel der Trossinger Fundstelle „Rutschete“ hat man mehr Dinosaurier-Knochen und -Skelette geborgen als in ganz Deutschland. Bei sechs in den Jahren 1911, 1912, 1921, 1922, 1923 und 1932 stattfindenden Grabungs-Kampagnen konnten 35 komplette oder fast komplette sowie fragmentarische Reste von ca. 60 Plateosaurier-Individuen gefunden werden, also beinahe 100 Funde insgesamt.
Bei der ersten großen Grabung im Knollenmergel der Trossinger Fundstelle „Rutschete“ vom Frühjahr 1911 und bis zum Herbst 1912 unter Leitung von Professor Eberhard Fraas (1862–1915) vom Königlichen Naturalienkabinett Stuttgart gehörten zahlreiche Skelettreste, insgesamt zwölf Skelett-Teile, zur Ausbeute. Wegen der Grabung musste man sogar das Bett des Trosselbaches verlegen und eine Brücke bauen. Gegen Ende der Grabungen meldete

*Professor Eberhard Fraas (1862–1915)
vom Königlichen Naturalienkabinett Stuttgart,
Leiter der ersten großen Grabung im Knollenmergel
der Trossinger Fundstelle „Rutschete" von 1911 und 1912.
Foto: (via Wikimedia Commons),
Lizenz: gemeinfrei (Public domain)*

Der Stuttgarter Groß-Industrielle Robert Bosch (1861–1942) unterstützte die erste große Grabung im Knollenmergel der Trossinger Fundstelle „Rutschete" von 1911 und 1912 finanziell.
Foto: (via Wikimedia Commons), Lizenz: gemeinfrei (Public domain)

Professor Friedrich von Huene (1875–1969),
eigentlich Friedrich Richard Freiherr von Hoyningen,
vom Geologisch-Paläontologischen Institut
der Universität Tübingen,
Leiter der zweiten großen Grabung im Knollenmergel
der Trossinger Fundstelle „Rutschete"
von 1921, 1922 und 1923.
Foto: Universität Tübingen

der Präparator Max Böck (1877–1945) an der tiefsten Stelle die Entdeckung gut erhaltener und zusammenhängender Skelett-Teile.
Die mühsame Erweiterung der Grabungsstelle lohnte sich. Denn am 2. und 3. Oktober 1912 konnte das scheinbar nahezu vollständige und unverdrückte Skelett eines großen Dinosauriers von etwa 5,75 Meter Gesamtlänge aus der Erde gehoben werden. Fraas fiel auf, dass die vollständigsten Skelette mit angewinkelten Beinen und auf dem Bauch liegend eingebettet waren. Die Grabungen von 1911 und 1912 wurden von dem Stuttgarter Groß-Industriellen Robert Bosch (1861–1942) finanziell unterstützt.
Bei den zweiten großen Grabungen im Knollenmergel an der Trossinger Fundstelle „Rutschete" von 1921, 1922 und 1923 unter Leitung von Professor Friedrich von Huene (1875–1969) vom Geologisch-Paläontologischen Institut der Universität Tübingen barg man 14 Skelett-Teile. Diese Grabungen wurden vom American Museum of Natural History in New York finanziert, 1920 hatte der amerikanische Paläontologe William Diller Matthew (1871–1930) bei einem Besuch in Tübingen seinem deutschen Kollegen Friedrich von Huene eine gemeinsame Grabung in Trossingen vorgeschlagen. Bedingung war, dass die Hälfte der erhofften Funde nach Amerika gehen und die andere Hälfte die Universität Tübingen erhalten sollte.
Im Buch „Dinosaurier in Deutschland" (1993) von Ernst Probst und Raymund Windolf heißt es: „Mit den zweiten Trossinger Dinosauriergrabungen ist Friedrich von Huenes Name wohl am engsten verbunden. Er hatte nicht nur die wissenschaftliche Leitung der zweiten Grabungskampagne, sondern entwickelte in den Jahren danach auch Hypothesen und Vorstellungen, wie die Plateosaurier gelebt und vor allem

Amerikanischer Paläontologe,
Professor William Diller Matthew (1871–1930).
Foto: American Museum of Natural History, New York
(via Wikimedia Commons),
Lizenz: gemeinfrei (Public domain)

Raymund Windolf (1953–2010),
Autor der Bücher „Dinosaurier-Lexikon" (1989)
und „Dinosaurier in Deutschland" (1993,
zusammen mit Ernst Probst).
Foto: Regina Cossmann, Visselhövede

Blick über das Gelände der zweiten großen Grabung im Knollenmergel der Trossinger Fundstelle „Rutschete" im August 1922.
Links die drei Wohn- und Arbeitszelte der Grabungsmannschaft.
Foto: Staatliches Museum für Naturkunde, Stuttgart

wie sie zu Tode gekommen waren. Daneben gelang es ihm, die die bis heute ausführlichste und noch gültige Beschreibung eines Plateosaurusskelettes zu veröffentlichen."
Diese Tätigkeiten führte Friedrich von Huene von Tübingen aus durch. Jener Stadt, in der er am 21. Mai 1875 geboren worden war und in der am 4. April 1969 starb. In Tübingen hatte er auch sein Studium absolviert, promoviert und als Professor der Paläontologie Vorlesungen an der Universität Tübingen gehalten. Außerdem unternahm er Reisen in die USA, nach Indien und Südamerika, wo er sich mit unterschiedlichsten fossilen Reptilien beschäftigte, die er in mehr als 300 Veröffentlichungen beschrieb. Ein erheblicher Anteil seiner Publikationen galt den in Deutschland entdeckten Sauriern, darunter auch Dinosauriern wie *Plateosaurus*, *Sellosaurus* oder „*Megalosaurus*". Dass heute nicht mehr alle seine Theorien als richtig anerkannt werden und viele Dinosauriernamen, die er aufstellte, nicht mehr gültig sind (vor allem im Zusammenhang mit deutschen Dinosauriern), setzt seine Pionierarbeit auf diesem Gebiet keineswegs herab und schmälert auch nicht seine Verdienste um die Wirbeltier-Paläontologie.
An den zweiten Grabungen im Knollenmergel der Trossinger Fundstelle „Rutschete" waren Dutzende von Studenten und Arbeitern beschäftigt. Friedrich von Huene ließ deshalb für die drei Sommer, in denen die Grabungen stattfanden, ein Zeltlager errichten, das sich direkt neben dem Hang an der „Oberen Mühle" befand. Ein großes Zelt diente den Studenten als Schlaf- und Wohnplatz, In zwei kleineren Zelten waren organisatorische Einrichtungen untergebracht. Die Grabungs-Mannschaften arbeiteten in den Sommermonaten wie in einem Steinbruch.

American Natural History Museum in New York auf einer Postkarte vor 1920.
Bild: H. Finkelstein & Son (via Wikimedia Commons), Lizenz: gemeinfrei (Public domain)

Während an den heißen Sommertagen die einen mit nacktem Oberkörper Abraum in kleine Kippwagen luden, und auf eigens gelegten Schienen abtransportierten, lockerten andere mit Spitzhacken vorsichtig das Erdreich. Stieß man auf neue Funde, eilten die beiden Präparatoren Georg und Wilhelm Wetzel herbei, trugen den Fund in den Lageplan ein, numerierten ihn und umhüllten ihn zuletzt mit dicken Gipsbandagen. Die bis zu 30 Zentner schweren Fundstücke wurden mit Lastkraftwagen nach Tübingen in die Präparationswerkstatt des Paläontologischen Institutes transportiert. Dort dauerte es mehrere Jahre, bis Tausende von Knochen von Gips und Stein befreit sowie danach gehärtet worden waren.
Von Huene entwickelte ein System, bei dem die Knochen außen in ein Stahlkorsett „eingehängt" wurden. Diese „Tübinger Methode" hat dann viele andere Rekonstruktionen weltweit inspiriert.
Die Grabungen fanden in der Zeit der Inflation statt. Deshalb mussten sich die Studenten, wenn auch murrend, immer wieder von großen Portionen billiger Haferflocken ernähren, die nie auszugehen schienen. Einmal mischten Studenten heimlich Mäusekot unter die unbeliebten Haferflocken und beschwerten sich beim Grabungsleiter über das verunreinigte Essen. Danach ließ Friedrich von Huene von einer Arbeitskraft den Mäusekot aus der Mahlzeit entfernen und die Haferflocken erneut anbieten. Beim nächsten Einkauf in Trossingen kam er wieder mit Säcken voller Haferflocken zurück und es blieb bei der verhassten Kost.
Friedrich von Huene war ebenso sparsam wie spartanisch und beeinflusste damit auch die anderen Mitarbeiter. Immerhin hatte man auch bei den zweiten Grabungen an der

Skelettrekonstruktion von Plateosaurus engelhardti
aus Trossingen (Inventar-Nummer: AMNH 6810)
im American Museum of Natural History in New York.

Trossinger Fundstelle „Rutschete“ das Glück, von zahlungskräftigen Mäzenen unterstützt zu werden. Im ersten Jahr übernahm, wie vereinbart, das American Natural History Museum in New York die Finanzierung, während 1922 und 1923 die Trossinger Industriellen Karl Koch sowie Matthias und Andreas Hohner einsprangen.
Während der Tagung der Paläontologischen Gesellschaft am 12. August 1922 in Tübingen unternahmen die Teilnehmer unter Leitung von Friedrich von Huene einen Ausflug zu den noch im Gange befindlichen Grabungen in Trossingen. Von Huene erklärte bei dieser Exkursion, kein Knochenfund werde dem Zufall überlassen. Über dem gesamten Grabungsplatz sei an hohen Pfählen ein Koordinatensystem aus Seilen von Nord nach Süd und von Ost nach West befestigt worden. Die entsprechenden Linien seien in einem Plan im Maßstab 1:20 auf Millimeterpapier eingetragen und darin sei jeder Einzelfund vermerkt worden. Von Huene berichtete auch, welcher Behandlung die Knochenfunde unterzogen wurden. Um den betreffenden Knochen wurde das umgebende Gestein abgetragen, so dass der Fund wie auf einem Sockel thronte. Dann tränkte man den Knochen mit Schellack-Lösung, überzog ihn mit dünnem Papier und behandelte ihn wiederum mit Schellack. Nun folgte eine doppelte Lage Zeitungspapier, und schließlich wurde der ganze Block mit in Bändern geschnittenem Rupfenstoff, den man vorher in Gipsbrei getaucht hatte, längs und quer umwickelt. Anschließend löste man den pilzartig dastehenden Fund von seinem Steinsockel und gipste auch die Unterseite ein.
Ein Trossinger Dinosaurier-Skelett wurde nach New York gebracht, wo es auch heute als eines der seltenen Trossinger Original-Skelette im American Natural History Muse-

Dr. Reinhold Seemann (1888–1975)
von der Württembergischen Naturaliensammlung Stuttgart,
Leiter der dritten großen Grabung im Knollenmergel
an der Trossinger Fundstelle „Rutschete" von 1932.
Im Ersten Weltkrieg verlor er als Offizier sein rechtes Auge.
Foto: Staatliches Museum für Naturkunde, Stuttgart

um aufgebaut ist. Trotz der Unterstützung durch Trossinger Geldgeber ging Trossingen bei den neuen Funden leer aus, eine Missachtung wie sie auch die Halberstadter Bürgerschaft bei den Plateosaurier-Grabungen auf ihrem Gebiet erfuhr.

Bei der dritten großen Grabung im Knollenmergel der Trossinger Fundstelle „Rutschete" von 1932 unter Lei--tung von Dr. Reinhold Seemann (1888–1975) von der Württembergischen Naturaliensammlung Stuttgart glückten 65 Funde: vier vollständige Skelette, 17 größere Skelettreste und 41 kleinere Teile sowie Einzelknochen. Zu den wissenschaftlich wertvollsten Fossilien, die man je in Deutschland entdeckt hat, gehören drei fast einen Meter lange Schildkröten der Gattung *Proganochelys*, die 1932 an der Trossinger Fundstelle „Rutschete" geborgen wurden. Sie haben Zähne im Gaumen und einen kurzen, mit Knochendornen bewehrten Hals, der nicht eingezogen werden konnte.

Als Arbeitskräfte bei der Grabung dienten ungefähr zwei Dutzend Erwerbslose vom freiwilligen Arbeitsdienst. Sie erweiterten die durch die Tübinger Grabung in den frühen 1920er Jahren entstandene Grube auf etwa 60 Meter Breite. Außerdem trugen sie den Hügel stellenweise bis zu zwölf Meter tief zur besonders knochenreichen Fundschicht ab.

Die dritte Grabung an der Trossinger Fundstelle „Rutschete" endete am 14. Oktober 1932 um 9 Uhr früh jäh und tragisch. Ein vier mal zwei Meter großer Mergelblock löste sich nach anhaltenden Regenfällen, brach ab und schloss zwei Arbeiter bis in Brusthöhe ein. Der Arbeiter Christian Helble aus Obernheim bei Spaichingen verblutete auf der Grabungsstelle. Den zweiten Verunglückten brachte man

Fossilien der Schildkröte Proganochelys quenstedti *im Staatlichen Museum für Naturkunde, Stuttgart.*
Foto: Ghedoghedo / CC BY-SA 3.0 (via Wikimedia Commons), lizensiert unter Creative-Commons-Lizenz by-sa-3.0, https://creativecommons.org/licenses/by-sa/3.0/legalcode

„Die Trossinger Saurier feiern Karneval". Mit dieser Karikatur wurden die im Volksmund als „Saurier" bezeichneten Grabungsarbeiter von 1932 im Fasching 1933 beschenkt.

Fundortkarte 6: **Knochenfunde in der Trias Württembergs**

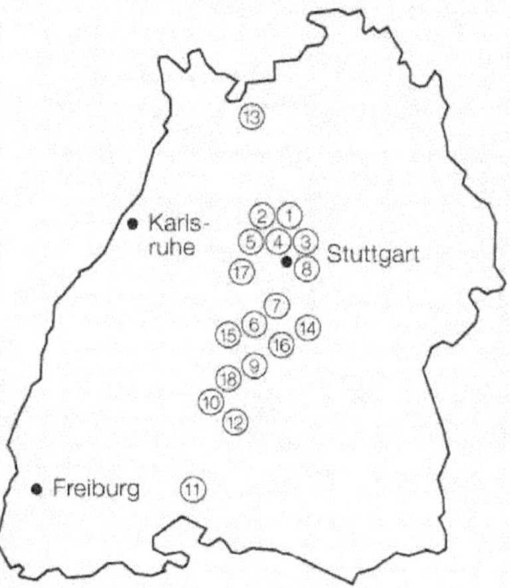

1 = Langenberg: *Plateosaurus*
2 = Wüstenrot: *Plateosaurus*
3 = Welzheim: *Plateosaurus*
4 = Spraitbach: *Plateosaurus*
5 = Erlenberg: *Plateosaurus*
6 = Tübingen: *Plateosaurus*
7 = Schlößlesmühle bei Waldenbuch: *Plateosaurus*
8 = Stuttgart: *Plateosaurus, Sellosaurus*
9 = Balingen: *Plateosaurus*
10 = Aixheim: *Plateosaurus*
11 = Biesingen bei Donaueschingen: *Plateosaurus*
12 = Trossingen: *Plateosaurus, Sellosaurus, Liliensternus*
13 = Stromberg; Pfaffenhofen: *Sellosaurus, Procompsognathus, Halticosaurus orbitoangulatus* und *H. longotarsus* Stromberg; Ochsenbach: *Plateosaurus*
14 = Echterdingen: *Plateosaurus*
15 = Bebenhausen: *Plateosaurus*
16 = Pfrondorf: *Plateosaurus*
17 = Kressbach: *Plateosaurus*
18 = Hechingen: *Plateosaurus*

Fundortkarte über Knochenfunde von Dinosauriern aus der Triaszeit in Württemberg.
Karte aus dem Buch „Dinosaurier in Deutschland" (1993) von Ernst Probst und Raymund Windolf (1953–2010)

mit Quetschungen ins Krankenhaus, wo er überlebte. Wie ein Lauffeuer verbreitete sich die Nachricht von dem Unglück in Trossingen und löste große Betroffenheit aus.
„Der Todesfall vom Oktober 1932 sollte nicht die einzige Tragödie bleiben", schrieben 2011 der Stuttgarter Professor Rainer Schoch und der Leiter des Trossinger Museums Auberlehaus, Volker Neipp, in „Schwäbische Heimat".
Reinhold Seemann und seine Kollegen mussten später hilflos zusehen, wie ein Teil der mühevoll geborgenen Trossinger Funde zerstört wurde. Bei einem Luftangriff auf die Stuttgarter Innenstadt verbrannten 1944 etwa 40 der 65 Funde aus der Grabung von 1932 im Museumskeller.
Eine vierte Grabung im Knollenmergel der Trossinger Fundstelle „Rutschete" stand 2007 unter der Leitung von Professor Rainer Schoch, des Leiters der Abteilung Paläontologie im Stuttgarter Naturkundemuseum. Dabei ging es nicht vorrangig darum, dort viele weitere Fossilien zu bergen, sondern um offene Fragen zu klären. Wie kam es zu diesem „Massengrab" von Plateosauriern? Wieso findet man außer Plateosauriern und einigen Schildkröten kaum andere Fossilien? Ein wichtiges Ergebnis jener Grabung war, dass die Skelette nicht von einer einzigen Katastrophe stammen. Schoch hält den individuellen, einsamen Tod von vielleicht einem Dinosaurier alle paar hundert Jahre für wahrscheinlicher
2011 berichteten Rainer Schoch und Volker Neipp (Leiter des Museum Auberlehaus in Trossingen) in „Schwäbische Heimat", in Trossingen habe man im zwölf Meter mächtigen Profil bis zu acht aufeinander folgende Böden gefunden. Einige Böden hätten sich in Phasen größerer Tockenheit gebildet. Die anderen Böden bezeugten regenreiche Phasen. Dies werde als Hinweis auf Klimaschwankungen

Außenansicht des „Museum Auberlehaus" in Trossingen mit Darstellung eines Plateosaurus.
1979 kam das erste Skelett eines Trossinger Plateosaurus *als Abguss in die sehenswerte Ausstellung.*
Heute sind dort zwei Skelette von Plateosaurus *als Abgüsse zu sehen.*
Seit Oktober 2014 ist das Museum eine von 26 Infostellen des UNESCO Geoparks Schwäbische Alb.
Foto: Harry Schneckenberger (via Wikimedia Commons), Lizenz: gemeinfrei (Public domain)

in der Größenordnung mehrerer tausend Jahre gedeutet. Süddeutschland habe vor etwa 205 Millionen Jahren im Einzugsbereich eines Monsuns gelegen, der über einen großen Ozean im Süden in den Sommermonaten hereinzog. Dann wurde die Landschaft durch kräftige Regenfälle verändert. Es bildeten sich tiefe Rinnen, in denen das Wasser abfloss. Wie heute in Australien oder in den südwestlichen USA kam es zur Bildung großer Pfützen, die mehrere Monate bestanden. Derartige Wasserlöcher seien sicher attraktive Plätze für Tiere aller Art gewesen. Solche tonreichen Wasserpfützen konnten schweren Tieren gefährlich werden. Es sei gut denkbar, dass immer mal wieder ein unvorsichtiger *Plateosaurus* in einem solchen Loch steckengeblieben sei.
Bei der fünften Grabung im Knollenmergel der Trosssinger Fundstelle „Rutschete“ im Juli 2022 wurde das internationale Grabungsteam unter Leitung von Professor Rainer Schoch von einem Bagger unterstützt. Mit dessen Hilfe drang man schnell bis zu einer Schicht vor, die sich bereits 1932 als besonders fossilreich erwiesen hatte. Im Sommer 2022 konnten zwei Plateosaurier geborgen werden.
Eine sechste Grabung im Knollenmergel der Trossinger Fundstelle „Rutschete“ unter Leitung von Professor Rainer Schoch war für den 12. bis 30. Juni 2023 geplant. Daran sollten etwa 15 Studierende aus sieben Ländern teilnehmen.

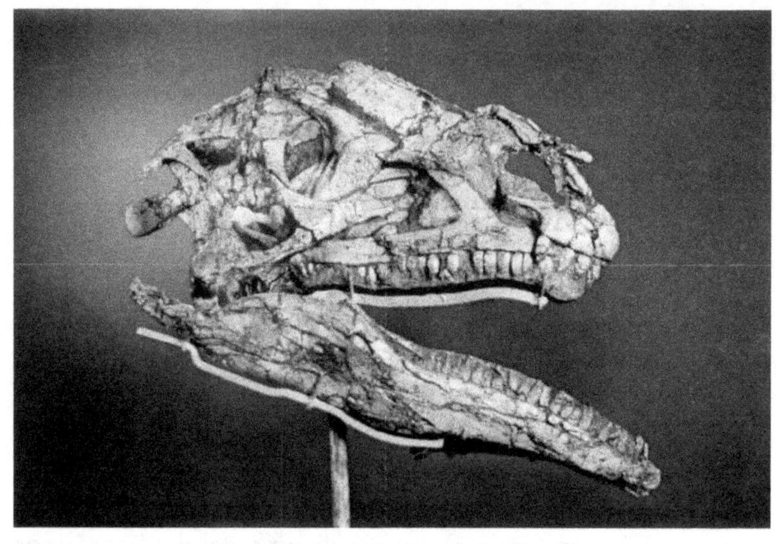

Schädel des Plateosaurus *(GPIT 1) aus*
David B. WEISHAMPEL / WESTPHAL, Frank:
Die Plateosaurier von Trossingen.
In: Ausstellungs-Kataloge University Tübingen 19: S. 1–27, 1986.
Foto: Paläontologische Sammlung Tübingen

Wie lebte *Plateosaurus*?

Die umfangreichen Funde von *Plateosaurus* in Trossingen (Württemberg), Halberstadt (Sachsen-Anhalt) und anderen Orten erlauben es, von der Skelettanatomie dieses Dinosauriers ein genaueres Bild als von den meisten anderen Dinosauriern zu zeichnen. Gemessen am Schädel- und Körperskelett, ist *Plateosaurus* einer der bestbekannten Dinosaurier auf der ganzen Welt.

Die Trossinger Grabungen haben *Plateosaurus*-Schädel von großer Vollständigkeit und teilweise hervorragender Erhaltung hervorgebracht, mit denen sich der britisch-amerikanische Paläontologe, Professor Peter M. Galton, ausführlich beschäftigte. 1984 und 1985 konnte er von seinen Forschungen erstaunliche Einzelheiten bekannt geben.

Galton zeigte, dass sich beim Schädel von *Plateosaurus,* von der Seite betrachtet, die Spitze des Unterkiefers, das Kinn sozusagen, ein wenig nach unten senkt. Der Schädel ist länger als hoch. Vor allem von vorne gesehen, erscheint er beinahe vogelartig. Und von oben betrachtet, sieht man, wie schmal er ist: gar nicht so breit und massig, wie man ihn sich bei einem so großen Dinosaurier vielleicht vorstellt.

Jeder der Schädel zeigt ein anderes anatomisches Detail: Einmal war das Ohrlabyrinth erhalten geblieben, das zarte Gehörknöchelchen der Steigbügel (Stapes), mit denen der Plateosaurier gelauscht hatte, ob sich ein Raub-Dinosaurier näherte. Es hatte die Jahrmillionen von der Einbettung bis heute unbeschadet überdauert.

In einem anderen Trossinger *Plateosaurus*-Schädel hatten sich die sogenannten Skleralringe besonders gut erhalten. Diese Augenringe, die auch heute bei Vögeln nachweisbar

sind, bestehen aus vielen kleinen Knochenplättchen, die sich zu einem Ring zusammenlegen und über dem Augenrand die Sklera, eine Schutz- oder Sehnenhaut, vor Verletzungen bewahren sollen.
Augenringe halfen *Plateosaurus* auch, seinem inneren Augendruck ein Gegengewicht entgegenzusetzen, wenn sich die Scharfstellung der Linse änderte. 18 kleine Platten legten sich bei *Plateosaurus zu* einem Augenring zusammen.
An weiteren Schädeln ließen sich steinerne Ausgüsse des Hohlraumes finden, in dem das Gehirn lag (Endocranium), wobei nicht nur die Größe und die Gestalt des Plateosaurier-Gehirnes erkennbar wurden, sondern auch die Ausgänge der Nerven, wie etwa der Gesichts- oder der optischen Nerven.
In den geräumigen Nasenlöchern von *Plateosaurus* (und anderen pflanzenfressenden Dinosauriern) befand sich nach Meinung der polnischen Paläontologin Theresa Osmólska eine große, seitlich gelegene Drüse, die überschüssige Kaliumionen aus dem Futter der Tiere nach außen transportierte. Andere Wissenschaftler bezweifeln dies, da die Dinosaurier dann zu wenig Raum zum Atmen gehabt hätten.
Die Frage, von welcher Nahrung sich die Plateosaurier ernährten, war lange Zeit umstritten. Drei Möglichkeiten sind dabei vorstellbar:
1. Plateosaurus war ein Fleischfresser, der aktiv kleinere Reptilien jagte oder sich von Aas ernährte.
2. Plateosaurus war ein Gemischtfresser, er fraß zwar überwiegend Pflanzen, verschmähte aber keineswegs Aas oder frisches Fleisch, wenn sich ihm die Gelegenheit dazu bot.
3. Plateosaurus war ein reiner Vegetarier.
Seit jeher waren sich die Paläontologen in dieser Frage uneinig. 1981 flackerte die Diskussion darüber erneut auf,

als der südafrikanische Paläontologe Dr. Mike Cooper die Theorie aufstellte, dass alle Prosauropoden (Vorechsenfuß-Dinosaurier) Fleisch- beziehungsweise Aasfresser gewesen seien. Dreh- und Angelpunkt dieser – und aller vorhergehenden – Fleischfresser-Theorien sind die Zähne von *Plateosaurus*. Sie sehen, oberflächlich betrachtet, fast wie die eines Fleischfressers aus: An den Außenkanten sind sie mit groben Zacken versehen, die Friedrich von Huene „Spitzkerbungen" nannte, eine Bezeichnung, die sich bis heute in der englischsprachigen Fachliteratur gehalten hat.
Nach Mike Coopers Vorstoß entspann sich eine lebhafte wissenschaftliche Diskussion über die Nahrung von *Plateosaurus*, bei der Peter M. Galton schon bald eine gegensätzliche Position einnahm. Er wies darauf hin, dass die Zähnelung an den Plateosaurier-Zähnen grob ist und nicht so fein wie an den Zähnen fleischfressender Dinosaurier. Auch bei den durchwegs pflanzenfressenden Vogelbecken-Dinosauriern kennt man solche groben Zahnkerbungen. Insgesamt ähnelt der Zahntyp des *Plateosaurus* mehr demjenigen des heutigen Grünen Leguans *(Iguana iguana)*. Diese große tropische Echse aus Südamerika ist aber – zumindest als erwachsenes Tier – ein reiner Pflanzenfresser.
Wie fraß *Plateosaurus* die Pflanzen? Beim Abreißen von Pflanzen berührten sich seine Zähne im Ober- und Unterkiefer nicht. Wie beim modernen Leguan wurde das Pflanzenstück lediglich abgebissen, aber in der Mundhöhle nicht weiter gequetscht, wie dies spätere Vogelbecken-Dinosaurier bewerkstelligen konnten. Von Kauen im Sinne einer Kuh oder eines Pferdes kann also bei *Plateosaurus* keine Rede sein. Er hatte noch nicht wie moderne Säugetiere ein in Schneide-, Eck- und Backenzähne differenziertes Gebiss, sondern verfügte in beiden Kiefern nur über einen einheit-

lichen Zahntyp. Auch fehlte eine entsprechende Kiefermuskel-Differenzierung (Masseter-Muskel bei Säugern). Wie aber konnte sich ein so gewaltiges Tier von vielen 100 Kilogramm Gewicht mit genügend Nährstoffen versorgen, wenn seine Nahrungsverwertung nicht sehr effektiv war? Denkbar ist, dass *Plateosaurus* Magensteine (Gastrolithen) zum besseren Aufschluss seiner pflanzlichen Nahrung einsetzte. Bei den Halberstadter Grabungen wurden derartige blankpolierte Steine auch in der Nähe von Plateosaurier-Skeletten gefunden. Von *Sellosaurus,* einem nahen Verwandten des „Schwäbischen Lindwurms", kennt man bei wenigstens einem Exemplar Magensteine. Auch bei einem nahen *V*erwandten von *Plateosaurus*, dem südafrikanischen M*assospondylus*, wurden Magensteine entdeckt. Und auch die Pflanzenfresser, die später einmal die Prosauropoden ersetzen sollten, die Sauropoden, machten sich die Wirkung „mechanischer Pflanzen-Zerkleinerungshilfen" zunutze. So waren also die Anpassungen der Plateosaurier an die Verwertung ihrer Pflanzennahrung zwar noch nicht so perfektioniert wie bei den später lebenden Vogelbecken-Dinosauriern, aber immerhin konnten Prosauropoden mit ihrer Ernährungsstrategie 40 Millionen Jahre erfolgreich überleben. Die Evolution versuchte aber schon bei ihnen Neuerungen auszuprobieren: So scheint *Plateosaurus* bereits ein sekundäres, fleischiges Gaumendach ausgebildet zu haben, eine wichtige Entwicklung, wenn die Tiere gleichzeitig fressen und atmen wollten. Primitive Reptilien, bei denen der Mund voll Pflanzen ist, müssen die Nahrung sofort herunterschlucken, wenn sie Luft holen wollen. Das längere Verweilen der Nahrung im Mundraum kann *Plateosaurus*, wie schon erwähnt, auch durch fleischige Backen ermöglicht worden sein. Speziell angeordnete kleine

Gefäßöffnungen an den Kieferknochen von *Plateosaurus* verraten, dass er solch fleischige Backen besessen haben muss, wenn auch noch nicht in dem Ausmaß wie später die Vogelbecken-Dinosaurier. Immerhin konnte dadurch die Nahrung bereits im Mundraum von den im Speichel vorhandenen Enzymen aufgeschlossen und vorverdaut werden.

Die Kiefer von *Plateosaurus* ließen sich aber noch nicht seitlich hin und her bewegen, wie man das so schön beim Wiederkäuen der Kühe beobachten kann.

Nach seinem Zahntyp und nach der Gelenkung seiner Kiefer, die unterhalb des Niveaus seiner ständig nachwachsenden Zahnreihen liegt und eine spezielle Anpassung an die pflanzliche Nahrung gewesen zu sein scheint, war *Plateosaurus* eindeutig ein Pflanzenfresser (Herbivore). Dass er aber trotzdem ab und zu geringe Mengen an fleischiger Nahrung zu sich genommen hat, kann nicht ganz ausgeschlossen werden. So weiß man beispielsweise von Landschildkröten, die eindeutig als Pflanzenfresser gelten, dass sie ihre überwiegend „grüne Speisekarte" bisweilen mit Schnecken und Regenwürmern, ja sogar mit Aas erweiterten. Ohne Zweifel standen die Plateosaurier mit anderen pflanzenfressenden Reptilien im Konkurrenzkampf. Doch die Plateosaurier konnten sich gegen sie immer besser behaupten. Peter M. Galton hält sie sogar für die beherrschenden Pflanzenfresser ihrer Zeit und die erste große pflanzenfressende Gruppe, welche die Dinosaurier entwickelten. Das Schicksal, von besser angepassten und ausgerüsteten Pflanzenfressern verdrängt zu werden, blieb den Plateosauriern allerdings auch nicht erspart, als zu Beginn der Jurazeit erste Sauropoden und Vogelbecken-Dinosaurier auftauchten.

War der evolutive Erfolg von *Plateosaurus* durch seine Größe bedingt? Aufrecht auf den Hinterbeinen stehend, konnte er sich in fünf bis sechs Meter Höhe neue Nahrungsquellen erschließen, die für andere Reptilien in der ausgehenden Triaszeit unerreichbar waren. Neben den hoch oben wachsenden Blättern scheinen Plateosaurier fleischig-saftige Früchte und Blütenstände von Palmfarnen vom Boden bis in ein Meter Höhe und Fruchtstände von bärlappartigen Gewächsen bis in Höhen von drei Metern verzehrt zu haben.

Der tonnenförmige Brustkorb und das breite, schürzenförmige Schambein der Plateosaurier sprechen dafür, dass sie einen geräumigen Verdauungsapparat entwickelt hatten. Auf diese Art und Weise probierten die Plateosaurier ein Körperbau-Schema aus, das von den nachfolgenden Sauropoden der Jurazeit noch perfektioniert wurde: Der kleine Kopf saß an einem langen Hals, wodurch, ähnlich wie später von den Giraffen, Blätter, Triebe und Früchte erreicht werden konnten, die in dem mächtigen Leib von Steinen zerrieben wurden.

Bei der Antwort auf die Frage, ob sich Plateosaurier zweibeinig oder vierbeinig oder sowohl zweibeinig als auch vierbeinig fortbewegten, sind sich die Paläontologen nicht einig.

In älteren Abbildungen und Skelett-Rekonstruktionen wird *Plateosaurus* stets als ein auf den kräftigen Hinterbeinen stehender Zweibeiner abgebildet. In der Tat sind seine Hinter-Extremitäten deutlich länger und kraftvoller ausgebildet als seine Arme. Aber andererseits haben die Arme auch nicht die Reduktion erfahren, wie dies bei manchen Raub-Dinosauriern oder Vogelfuß-Dinosauriern (Ornithopoda) der Fall war. Deshalb nimmt ein Teil der Forscher an, dass *Plateosaurus* auch seine Vorder-Extremitäten zum Gehen benutzte. Ein Blick auf die Hände von *Plateosaurus* zeigt, dass er fünf Finger besaß, die von außen nach innen an Größe zunahmen. Auffälligstes Merkmal ist dabei der innerste Finger, der „Daumen", der eine enorm vergrößerte und scharf gebogene Kralle trug. Über die Funktion dieser für Prosauropoden so typischen Kralle ist viel spekuliert worden. So lange *Plateosaurus* noch als Fleischfresser galt, hatte sie eine waffenartige Funktion. Da er aber heute als Pflanzenfresser akzeptiert wird, entfällt diese Möglichkeit. Auch die späteren Sauropoden trugen zum Teil große Innenkrallen an ihren Vorderfüßen, und unter den heutigen Tieren hat ausgerechnet das friedfertige Faultier riesige Krallen (die ihm allerdings zum Klettern und zur Verteidigung dienen). Viel wahrscheinlicher war die Kralle eine Verteidigungswaffe. Denn wenn sich *Plateosaurus* auf den Hinterbeinen aufrichtete, konnte er sich mit der Kralle seiner räuberischen Zeitgenossen wie dem Raub-Dinosaurier *Liliensternus* erwehren. Denkbar ist aber auch, dass *Plateosaurus* mit der Daumenkralle Äste zu seinem Mund zog, um sie abzuweiden, oder mit ihr nach Fressbarem im Boden grub.

Beim Gehen auf allen Vieren hätte die Kralle am großen inneren Finger wohl nicht den Boden berührt, sondern wäre nach innen oben gezogen worden. Das Hauptgewicht des Körpers lag auf dem zweiten und dritten Finger, während der sehr kleine fünfte Finger den Boden gar nicht berührte. Der Fuß von *Plateosaurus* war ebenfalls mit fünf Zehen versehen, von denen die innerste die kleinste war und den Boden ebenfalls nicht berührte. Die anderen Zehen sind praktisch gleich lang. Durch seine Breite und wegen der Zehen von gleicher Länge erscheint der *Plateosaurus*-Fuß

recht primitiv und erinnert an den Bau des Fußes früher Krokodile oder anderer urtümlicher Reptilien.
Nach Ansicht eines Teils der Wissenschaftler spricht vieles dafür, dass *Plateosaurus* sowohl vier- als auch zweifüßig ging – je nach erforderlicher Situation. Die Befürworter dieser Meinung glauben, *Plateosaurus* werde die meiste Zeit vierfüßig (quadruped) gegangen sein. Wenn er sich aber schneller bewegen oder gar flüchten wollte, habe er sich auf die Hinterbeine erhoben. Ein Tier von ein bis zwei Tonnen Gewicht könne man sich nur schwerlich als leichtfüßigen Läufer vorstellen.
Über die Fortbewegung von Plateosaurus gibt es eine lange Debatte zwischen Tübinger und Stuttgarter Paläontologen. In Tübingen sind beide großen Skelette von Plateosaurus zweibeinig aufgebaut, während sie in Stuttgart alle vierbeinig sind. Von Huene war als ausgezeichneter Morphologe bekannt und hatte den Aufbau in Tübingen betreut. Zumindest die Tübinger Exemplare sollen sich sicher zweibeinig fortbewegt haben.
In einem im Druck befindlichen Artikel von Omar Rafael Regalado Fernández, Henrik Stöhr, Benedikt Kästle und Ingmar Werneburg im „European Journal of Taxonomy“ wird darüber diskutiert, ob die Tübinger Plateosaurier aus anderen Schichten stammen und gegebenenfalls andere Arten bzw. Evolutionszustände repräsentierten. Der Artikel trägt die Überschrift „Diversity and taxonomy of the Late Triassic sauropodomorphs (Saurischia, Sauropodomorpha) stored in the Palaeontological Collection of Tübingen, Germany, historically referred to *Plateosaurus*“.
Bis heute hat man von *Plateosaurus* keine fossilen Fährten gefunden, aber im südafrikanischen Lesotho wurden Fußabdrücke entdeckt, die von Verwandten der Plateosaurier

zu stammen scheinen. Auf jeden Fall kann man davon ausgehen, dass die Plateosaurier ihre Schwänze nicht schwerfällig am Boden hinter sich nachschleiften, wie das früher – und leider auch heute noch manchmal – in vielen Büchern gezeigt wurde. Die von Reinhold Seemann 1941 als „Schwanz-Schlagspuren" interpretierten Strukturen im Trossinger Gestein konnten im nachhinein nicht bestätigt werden. Dass der Schwanz die Funktion einer Stütze, eines dritten Beines einnahm, wenn sich der Prosauropode zum Fressen auf die Hinterbeine stellte, erscheint allerdings durchaus vorstellbar.

Waren die Plateosaurier soziale Tiere, die in Herden lebten? Ihre Fundhäufigkeit lässt dies vermuten. Ob sie jedoch eine so hochorganisierte Sozialstruktur oder gar Brutpflege kannten, wie dies für nordamerikanische Entenschnabel-Dinosaurier bewiesen werden konnte, muss bei einem relativ primitiven Dinosaurier wie *Plateosaurus* eher bezweifelt werden. Seit etwa 1980 kennt man aus dem südafrikanischen Oranjefreistaat ein Gelege aus sechs Eiern, das von Prosauropoden stammt. In Südamerika wurde 1979 das nur handtellergroße Skelett eines Prosauropoden-Schlüpflings gefunden, so dass wir uns vorstellen können, wie die Jugendentwicklung von *Plateosaurus* ausgesehen haben könnte.

Trotz dieser Lücken hat sich unser Wissen über *Plateosaurus* seit seiner Entdeckung so verbessert, dass er mit Abstand der am besten erforschte Dinosaurier auf deutschem Boden ist. Bisher ist *Plateosaurus* ein mitteleuropäischer Dinosaurier: Neben den deutschen Funden kennt man seine Überreste lediglich aus der Gegend von Poligny im östlichen Frankreich und aus dem nördlichen Schweizer Alpenvorland.

Greifswalder Geologe und Paläontologe,
Professor Otto Jaekel (1863–1929).
Foto aus dem Magazin „Berliner Leben" vom März 1901
(via Wikimedia Commons),
Lizenz: gemeienfrei (Public domain)

Der rätselhafte Tod

An manchen Fundstellen kommt *Plateosaurus* in großen Individuenzahlen vor, so in Trossingen, in Halberstadt und auch im nordbayerischen Ellingen. Seit der Entdeckung dieser „Dinosaurier-Friedhöfe“ haben sich Wissenschaftler Gedanken darüber gemacht, wie die gewaltigen Knochenansammlungen entstanden sind. Waren die Plateosaurier an Ort und Stelle gestorben, hatte der Tod eine ganze Herde ereilt – oder waren ihre Leichen von einem Fluss an den Fundort transportiert worden und vermittelten nur nachträglich das Bild eines Herdenlebens?

Der Stuttgarter Professor Eberhard Fraas glaubte 1913, die lebensechte Haltung des ersten Trossinger Plateosaurier-Skelettes sei auf einen Tod des Tieres durch Versinken in jahreszeitlich sich mit Wasser füllenden Schlammflecken zurückzuführen, und übertrug diese Vorstellung auf die gesamten Trossinger Funde. Der Greifswalder Geologe und Paläontologe, Professor Otto Jaekel (1863–1929), kümmerte sich bei den Halberstadter Tieren mehr um die Beschreibung ihrer Knochen. Die Tatsache, dass alle Skelette auf dem Bauch lagen und dass die hinteren Skelethälften wesentlich häufiger vertreten waren als die vorderen, fiel ihm nicht auf.

Die meiste Anstrengung zur Lösung dieses paläontologischen Problems wandte der Altmeister der deutschen Dinosaurier-Forschung, Professor Friedrich von Huene, auf. In seinen noch heute berühmten Veröffentlichungen publizierte er zwischen 1923 und 1929 mehrere Aufsätze, in denen er Leben und Sterben der Trossinger Trias-Dinosaurier schilderte. Seine Überzeugungen flossen auch in ein

Foto auf Seite 59:

Trossinger Plateosaurier auf einem historischen Foto vermutlich aus den 1950er Jahren.
Vorne links an der Wand befindet sich der Wanderstock des Tübinger Paläontologen Friedrich von Huene (1875–1969).
Rechts am Boden ist das Teilskelett von Tuebingosaurus maierfritzorum, *damals noch als* „Plateosaurus plieningeri" *(GPIT IV) bezeichnet, zu sehen.*
Im Hintergrund hängt das berühmte Gemälde von Plateosauriern, in wüstenhafter Landschaft, das der in Karlsruhe geborene Maler und Universitäts-Zeichenlehrer Gerth Biese (1901–1980) im Jahre 1928 angefertigt hat.
Von 1926 ab war Biese als wissenschaftlicher Zeichner am Geologischen Institut der Universität Tübingen, am Archäologischen Institut der Universitäten Leipzig und Marburg sowie am Kunstgeschichtlichen Museum der Universität Würzburg tätig. 1936 zog Biese mit seiner Frau nach Tübingen um.
Foto: Paläontologische Sammlung Tübingen

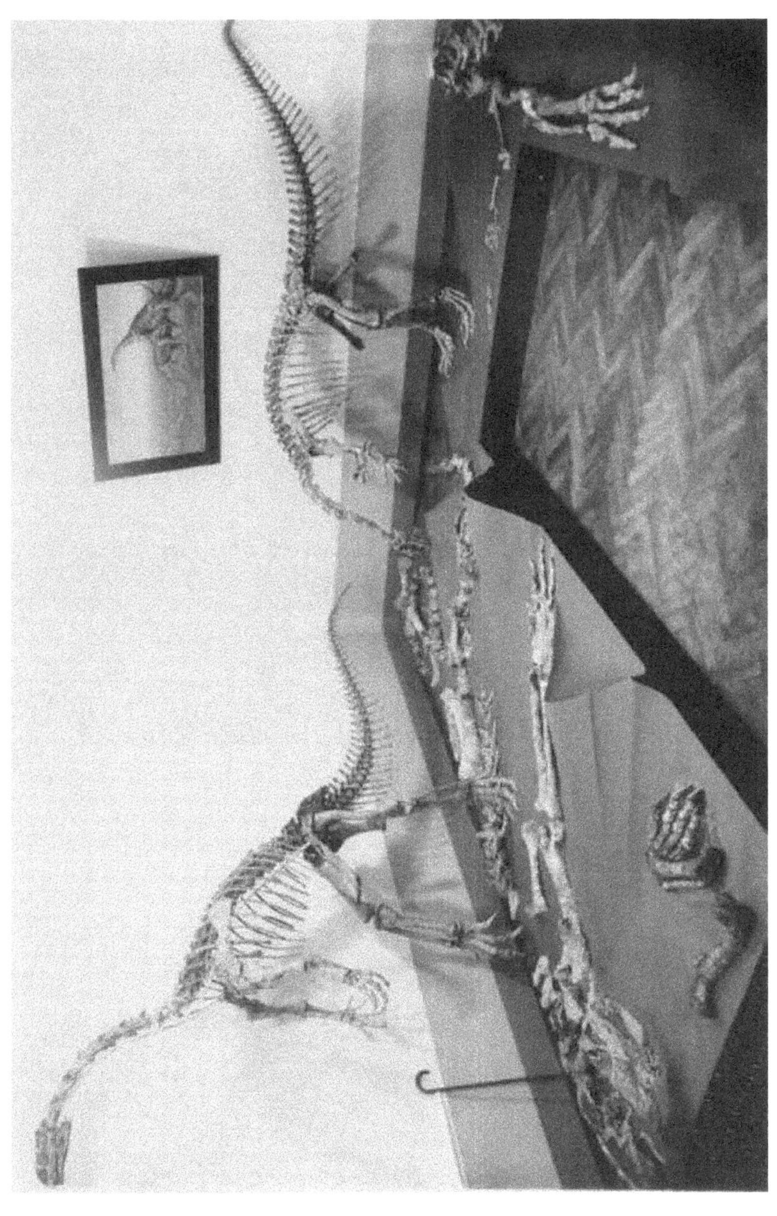

Von dem Maler und Universitäts-Zeichenlehrer Gerth Biese geschaffenes Gemälde von Plateosauriern in wüstenhafter Landschaft in der Paläontologischen Sammlung Tübingen. Das Motiv ist 1928 unter Anleitung des Tübinger Paläontologen Friedrich von Huene entstanden. Foto: Valentin Marquardt, Paläontologische Sammlung Tübingen

Diorama ein, das er im Geologisch-Paläontologischen Institut in Tübingen aufstellen ließ. Es zeigt zwei in Lebenshaltung stehende Plateosaurier-Skelette und am Boden Knochen in Fundlage in einer wüstenähnlichen Landschaft mit Sanddünen.
Die Theorien Friedrich von Huenes wurden durch den Maler und Universitäts-Zeichenlehrer Gerth Biese (1901–1980) in Gemälde umgesetzt, die über viele Jahrzehnte hinweg sowohl in populären als auch in wissenschaftlichen Veröffentlichungen vertreten waren. Friedrich von Huene hielt den Knollenmergel für ein Produkt des Windes, also abgelagerten Sand. Er ging davon aus, dass *Plateosaurus* in dieser Landschaft in ganzen Herden über wüstenhaft trockene Landstriche zog, um zu weiter entfernt liegenden Weidegründen zu gelangen. Diese Wanderungen hätten jeweils jahreszeitlich stattgefunden. Da die Wüste über 100 Kilometer breit gewesen sei, dürfte die Wanderung sehr anstrengend gewesen sein und unter den Plateosauriern Opfer gefordert haben. Vor allem halb ausgetrocknete und mit Schlamm angefüllte, jahreszeitlich nasse Tümpelbecken hätten dabei als wahre „Plateosaurier-Fallen" gewirkt. Die wandernden Reptilien mussten sie weiträumig umgehen, andernfalls drohten sie darin zu versinken. Vor allem junge, geschwächte Plateosaurier wären dabei vor Durst umgekommen. Nach von Huenes Überzeugung lebten die Plateosaurier auf einer Hochebene, die vom Ufer des obertriassischen deutschen Binnenmeers durch einen breiten Wüstenstreifen getrennt war. Die darin enthaltenen Becken wurden durch Regengüsse mit Wasser gefüllt, das infolge einer wasserundurchlässigen lehmigen Schicht darunter in Tümpeln stehen blieb. Die Sonne trocknete mit der Zeit die Tümpel aus, und Winde deckten die gefähr-

Plateosaurier-Herden beim Durchwandern der Wüste in der Obertrias – eine oft gezeigte Darstellung nach einem Entwurf des Tübinger Professors Friedrich von Huene.
Bild: Saatliches Museum für Naturkunde, Stuttgart

lichen Schlamm-löcher mit dem Sand und Staub der Wüste zu, so dass sie von den Plateosauriern nicht erkannt werden konnten.
Am Meeresufer, wohin die Plateosaurier zogen, gab es genügend Futter. Der jahreszeitliche Rhythmus der durch von Huene angenommenen Wanderungen führte die Plateosaurier sowohl auf dem Hin- als auch auf dem Rückweg an den gefährlichen Tümpeln vorbei, deren zäher Lehm drohte, sie gefangen zu halten. Huene berechnete sein Szenario mit akribischer Genauigkeit: Um die 100 Kilometer Wüstenstrecke zu durchwandern, hätten die Plateosaurier zwei Nächte benötigt, weil sie die für sie tödliche Tageshitze mieden. In der Dunkelheit drohte ihnen aber Gefahr von den Schlammfallen. Die Wanderzeit hatte Friedrich von Huene anhand eines relativ kleinen Plateosauriers mit 1,30 Meter langen Hinterbeinen berechnet, mit denen dieser einen Meter lange Schritte machte. In einer Minute sollte das Tier durchschnittlich 120 Meter zurückgelegt haben. Huene summierte diese Distanz zu 7,2 Kilometern in einer Stunde und zu 90 Kilometern in zwölf Stunden. Eine derartige Wegstrecke wäre jedoch ein unglaublicher Gewaltmarsch gewesen, der viele Opfer gefordert hätte. Die Plateosaurier dürften sich diesen Anstrengungen kaum ausgesetzt haben.
1928 schilderte Friedrich von Huene in bildhafter Sprache seine Vorstellungen über den Tod der Plateosaurier:
„So sieht der lebhaft die Beobachtungen kombinierende Geist in der von parallelen roten Staubwehen bedeckten, trockenheißen Wüste unter sengender Sonne eine Horde aufrecht schnell dahinschreitender Plateosaurier nach Osten streben. Dort hebt sich am klaren Himmel in duftigem Blau die Linie des fernen Berglandes. Hoch ragen die

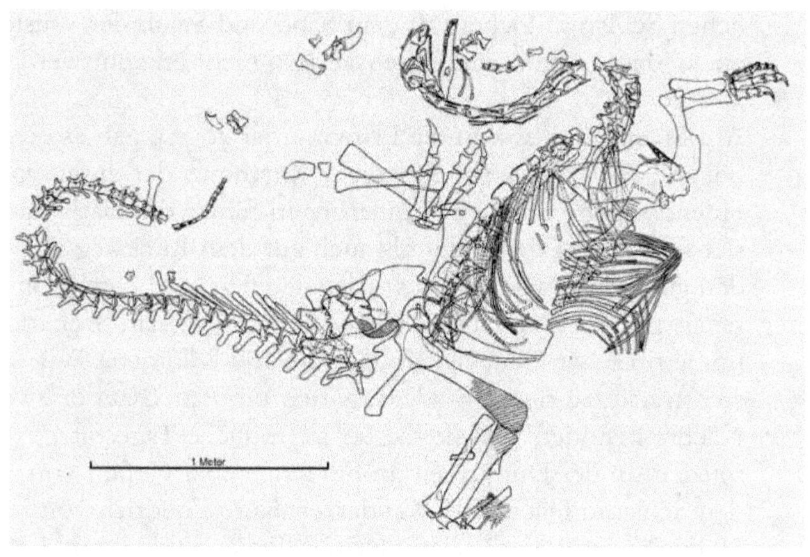

Komplettes Skelett eines Plateosaurus
in der für Trossingen typischen Haltung mit gekrümmtem Hals, angewinkelten Beinen und auf dem Bauch liegend.
Diese Fundzeichnung von 1928 stammt von dem Tübinger Professor Friedrich von Huene.

Hälse der Tiere mit den kleinen Köpfen und den stechenden Augen. Sobald eine der niedrigen Staubwehen übersprungen werden muß, bewegen sich die Hälse taktmäßig vor- und rückwärts, wie etwa Hühner das beim Gehen tun, und die langen starken Schwänze schlagen in die Luft zur Erhaltung des Gleichgewichtes. Eine rötliche Staubwolke folgt der schnellen Schar. Andere Staubwolken da und dort lassen ähnliche Herden vermuten, die auch dem Gebirge zueilen. Auf einer dunklen, vor kurzem noch feuchten, niedrigen Fläche liegt ein frischer Kadaver eines gefallenen Plateosauriers und nicht weit davon ein halb verwehtes gebleichtes Skelett, aber da die letzte Herde darüber weggeschritten ist, sind manche der Knochen verschleppt und liegen zerstreut umher. Pflanzen fehlen dem fremdartigen Bild, nur wenige vertrocknete Pilze stehen am Rand der dunklen, ehemals feuchten Fläche mit dem Kadaver."
Wissenschaftlich wollte Friedrich von Huene seine Theorie durch die Annahme kleiner Sanddünen untermauern, die in Trossingen fossil gefunden worden sein sollten, und durch den rückwärts gekrümmten Hals mancher Skelette, der durch Austrocknung und Schrumpfung der Sehnen im Wüstenklima bedingt erschien.
Seine Vision von den wüstenwandernden Plateosauriern verkündete der Tübinger Paläontologe erstmals anlässlich einer 1922 in seiner Heimatstadt abgehaltenen Tagung der Paläontologischen Gesellschaft. Was lag bei so einer Gelegenheit näher, als mit der damals versammelten Elite der internationalen Paläontologie einen Spaziergang entlang der Grabungsstellen abzuhalten, deren Gesteine unter anderem die Plateosaurier viele Jahrmillionen beherbergt hatten? Die mit der Eisenbahn nach Trossingen angereisten Wissenschaftler hielten sich eineinhalb Stunden an der „Oberen

Ungarischer Geologe, Paläontologe und Albanologe, Franz Baron Nopcsa (1877–1933), in albanischer Tracht 1915. Foto: Albanien 222 (via Wikimedia Commons), Lizenz: gemeinfrei (Public domain)

Mühle“ auf und ließen sich von Huene über den Ausgrabungsverlauf und die Präparation der Funde berichten. Friedrich von Huene wies bei dieser Gelegenheit auch darauf hin, dass ihn die Fundlage und -verteilung sehr an die der Büffelskelette erinnere, die er bei seinem Besuch im Mittleren Westen Nordamerikas 1911 zu sehen bekommen hatte.

Huenes Darlegungen wurden abends im Schwenninger Lokal „Adler“ heftig diskutiert. Wissenschaftler aus Schweden, Österreich, Ungarn und Deutschland beteiligten sich an der Diskussion über den rätselhaften Tod der Plateosaurier. Der ungarische Paläontologe Franz Baron von Nopcsa (1877–1933) meinte, dass Schlammfallen nur in einer Steppe, nicht aber in einer Wüste vorkämen, und verglich die Plateosaurier mit Pferden, die er selbst im Ersten Weltkrieg in Albanien so sterben sah. Ein schwedischer Paläontologe warf ein, dass die Büffelskelette, die Friedrich von Huene zum Vergleich angeführt hatte, in Wirklichkeit von Tieren stammten, die von Zügen aus erschossen worden wären, und deswegen auf keinen Fall mit den Plateosaurier-Skeletten verglichen werden könnten. Der österreichische Paläontologe, Professor Othenio Abel (1875–1946), argumentierte schließlich, dass die Plateosaurier nicht an Ort und Stelle gestorben seien, sondern an den Fundort transportiert worden wären. Auf jeden Fall zeigte die Diskussion vom Abend des 12. August 1922, dass die Vorstellungen von Huene zur rätselhaften Todesursache der Plateosaurier keineswegs unumstritten waren..

Der nächste Wissenschaftler, der sich mit den Todesumständen der Plateosaurier befasste und sie zu ergründen suchte, war Reinhold Seemann, der 1932 Grabungen in Trossingen geleitet hatte. Seemann bestritt die Aussage von

Huene, dass die Knollenmergel vom Wind abgelagerte Sande seien, und schrieb ihnen eine Entstehung unter Beteiligung von Wasser zu. Die „Dünen", die von Huene gesehen haben wollte, waren in Wirklichkeit tektonische Deformationen. Auch Reinhold Seemann fiel auf, dass Schädel, Schultergürtel und Vordergliedmaßen der Dinosaurier im Vergleich zu den hinteren Körperteilen unterrepräsentiert waren. Die hinteren Skelettpartien waren auch noch viel häufiger im natürlichen Verband erhalten. Die meisten der gefundenen Knochen und die eher vollständigen Skelette lagen weniger in einer horizontalen Anordnung vor, wie sie bei Fossilfunden häufig vorkommt, sondern eher in einer dreidimensionalen Ausrichtung. Besonders bemerkenswert war auch, dass alle kompletten Skelette, einschließlich der Urschildkröten, mit der rechten Seite nach oben lagen. Dr. Reinhold Seemann entwickelte 1922 aus diesen geologischen und paläontologischen Befunden eine neue Theorie: Die Plateosaurier hatten sich in einer trockenen (ariden) Umgebung um die letzten Wasserlöcher versammelt, so wie man dies heute aus Afrika kennt, wo in der Trockenzeit in den kleinsten Pfützen Fische, Schildkröten und Krokodile überleben, während aus der weiteren Umgebung Elefanten, Löwen oder Gazellen zum Trinken herankommen. Ganz ähnlich sollte man sich nach Seemanns Interpretation die Situation in der deutschen Trias vorstellen. Die durstigen Plateosaurier drangen an den Rand der Wassertümpel vor und wagten sich, um ihren Durst zu löschen, immer weiter in den Schlamm. Vielleicht wurden sie auch von nachdrängenden Tieren unfreiwillig dorthin geschoben? Plötzlich staken sie mit ihren Hinterbeinen fest. Nur die jüngsten und leichtesten Plateosaurier konnten sich wieder befreien, während die älteren Tiere auf den Hinterbeinen sitzend ihrem Schicksal – Verhungern und Verdursten – entgegensehen mussten.

Fast 50 Jahre beschäftigte sich danach niemand mehr mit dem Rätsel der Plateosaurier. Erst Anfang der 1980er Jahre wurde neues Interesse signalisiert: In Tübingen fand ein internationales Paläontologen-Treffen statt, und dort begannen jüngere Wissenschaftler aus dem englischsprachigen Raum, sich für dieses Thema zu interessieren. Dr. David B. Weishampel von der Universität in Baltimore veröffentlichte 1984 eine Analyse der Trossinger Funde, wobei er es bemerkenswert fand, dass die Plateosaurier-Skelette innerhalb eines Abstandes von zehn Metern in zwei voneinander getrennten Schichten gefunden worden waren. Die rotgefärbte „untere Knochenschicht" ist etwa zwei Meter dick, innerhalb des oberen Meters wurden in ihr bis zu 50 Plateosaurier-Individuen entdeckt! Eine 30 Zentimeter bis 2,20 Meter mächtige Schicht trennt die untere von der „oberen Knochenschicht". Ihr dunkelrot und grünlich gefärbter Knollenmergel enthält nicht annähernd so viele vollständige Skelette wie die darunter liegende Schicht. David Weishampel untersuchte, welches Alter die Tiere hatten, die in den voneinander getrennten Schichten abgelagert worden waren. Er kam zu der Überzeugung, dass in der „unteren Knochenschicht" eine Katastrophe stattgefunden haben musste. Ein gewaltiger Schlammstrom hatte Plateosaurier gleichen Alters mit sich gerissen! Anders dagegen in der „oberen Knochenschicht". Hier schien ein ganz normales Sterben der Plateosaurier ohne äußere Einflüsse vor sich gegangen zu sein.

Um herauszufinden, wie alt die Trossinger Plateosaurier waren, orientierte sich Dr. Weishampel am Oberschenkel-Knochen (Femur). An diesem fast immer vorhandenen Teil

Lebensbild des Dinosauriers Plateosaurus.
Bild: Nobu Tamura / http://spinops.blogspot.com / CC BY-SA 3.0 (via Wikimedia Commons), lizensiert unter Creative-Commons-Lizenz by-sa-3.0, https://creativecommons.org/licenses/by-sa/3.0/legalcode

des Skeletts ließ sich nicht nur die absolute Größe messen, sondern auch andere anatomische Landmarken, die im Zusammenhang mit der Muskel- und Sehnenbefestigung stehen. Der kleinste Oberschenkelknochen war 55,3 Zentimeter lang. Tiere, die unter diesem Wert lagen, waren wohl jugendliche Exemplare. Die größten Oberschenkel-Knochen gehörten zu den alten und wahrscheinlich ausgewachsenen Individuen. In der „oberen Knochenschicht" von Trossingen wurden Oberschenkel-Knochen von einem Meter Länge entdeckt. Auch Otto Jaekel erwähnte aus Halberstadt unter der Bezeichnung „Fund 18" einen solch meterlangen Oberschenkel, der zweifellos von einem „Plateosaurier-Bullen" oder einer „Plateosaurier-Kuh" stamme. Die Messungen von Dr. Weishampel führten zu einem überraschenden Ergebnis: Es stellten sich auffällige Unterschiede heraus. Hatte es in Trossingen also doch zwei Plateosaurier-Arten gegeben und nicht nur *Plateosaurus engelhardti?* Der amerikanische Wissenschaftler hält dies eher für unwahrscheinlich. Er sieht in den Unterschieden vielmehr einen Hinweis auf die Geschlechtszugehörigkeit der Plateosaurier. Eine Konsequenz aus dieser Erkenntnis wäre dann aber, dass sich männliche und weibliche Tiere möglicherweise in unterschiedlicher Art fortbewegt haben müssen, denn dies legen die anatomischen Befunde nahe! Erst weitere und umfangreichere Messungen sollten dieses unter den Paläontologen umstrittene, aber interessante Phänomen interpretieren können.

Die Diskussionen über die Hintergründe des Plateosaurier-Sterbens werden nach wie vor kontrovers geführr. Dr. Rupert Wild vom Stuttgarter Naturkundemuseum nimmt dabei eine andere Stellung ein als etwa der in Bonn arbeitende Paläontologe, Professor Martin Sander. Wild schrieb

1987, dass die Plateosaurier von einem im Keuper im Südosten gelegenen Hochland in die Ebene bei Trossingen gespült worden seien. Dr. Wild, der als der beste Kenner der südwestdeutschen fossilen Reptilienfunde gilt, befindet sich damit im Einklang mit Schweizer Fachkollegen, die Plateosaurier-Funde aus der Ortschaft Frick östlich von Zürich bearbeitet haben. Auch sie sehen das im Nor (etwa 228 bis 208,5 Millionen Jahre) im Bereich der heutigen schwäbisch-bayerischen Hochebene sich bis nach Böhmen erstreckende „Vindelizische Land" als Heimat der Plateosaurier an. Nach Rupert Wilds Überzeugung beweisen geologische Befunde, dass eine riesige Überflutung, beinahe eine „triassische Sintflut", im Mittleren Keuper im Stubensandstein Kadaver von Urschildkröten und Plateosauriern mit sich gerissen und sie in einem großen Binnensee im Trossinger und Nordschweizer Bereich abgelagert hatte.
Zu einem anderen Schluss kam Professor Sander 1991 in einer Untersuchung, in der er drei Plateosaurier-Fundstellen, zwei in Deutschland (Trossingen und Halberstadt) und eine in der Schweiz (Frick), miteinander verglich. Die drei Fundstellen haben gemeinsam, dass sich auf ihnen, verstreut auf vielen tausend Quadratmetern, zahlreiche komplette und unvollständige Plateosaurier-Reste abgelagert haben. Professor Sander nennt sie „Plateosaurier-Knochenlager" (Bonebeds). Die Tatsache, dass viele der Skelette in einer aufrechten Position gefunden wurden, sieht Martin P. Sander als Beweis dafür an, dass die Skelette nach dem Tod der Plateosaurier nicht weiter verfrachtet wurden, sondern die Trias-Riesen an Ort und Stelle starben.
Der Bonner Wissenschaftler griff dabei wieder auf die Theorie von den Schlammfallen zurück. Flache Untiefen, mit Schlamm gefüllt, hätten gereicht, die Tiere festzuhalten,

da die Plateosaurier die schwersten Tiere ihrer Zeit waren. Als die Tiere im Schlamm versanken, wurden sie von kleinen, wendigen Fleischfressern (Theropoden) angegriffen, die sich wegen ihres geringeren Gewichtes auf eine angehärtete Schlamm-Oberfläche wagen konnten. Dort konnten sie abwarten, bis die Plateosaurier so entkräftet waren, dass sie mit ihren Daumenkrallen den Gelegenheits-Räubern nicht mehr gefährlich werden konnten. Beim Anfressen der Plateosaurier fielen den Theropoden Zähne aus, und in der Tat fanden sich sowohl in Halberstadt als auch im schweizerischen Frick ihre gesägten Fleischfresser-Zähne. Martin P. Sander erwähnt auch einen solchen Zahn aus Trossingen, der von den räuberischen Dinosauriern wie *Liliensternus* stammen könnte. Auch die Tatsache, dass von den Plateosauriern überwiegend hintere Skelett-Teile erhalten geblieben sind, ist für Martin P. Sander erklärlich: Demnach waren Oberkörper und Schädel von den Raub-Dinosauriern abgefressen worden, als die mächtigen Pflanzenfresser hilflos auf den Hinterbeinen in ihren Schlammfallen hockten. Ganz junge Tiere fehlten in den „Plateosaurier-Friedhöfen", weil sie nicht wie die erwachsenen Tiere im Schlamm versunken waren, da der Druck ihres Körpergewichtes auf die Hinterfüße noch nicht so groß war. Sander berechnete, dass ein acht Meter langer Plateosaurier etwa 2,2 Tonnen wog. Auf den Flächen seiner beiden Hinterfüße – zusammengerechnet 1344 Quadratzentimeter – lastete ein Gewichtsdruck von 162 Kilo-Newton pro Quadratmeter. Ein Gewicht, welches das eines Elefanten oder gar des gewaltigen Fleischfressers *Tyrannosaurus* übertraf. Die erwachsenen Plateosaurier mussten deshalb fast zwangsläufig nach Sanders Theorie in den ausgedehnten Schlammbereichen versinken.

Schweizer Geologe und Paläontologe Amanz Gressly (1814–1864). Foto: (via Wikimedia Commons), Lizenz: gemeinfrei (Public domain)

Tuebingosaurus maierfritzorum

Eine unbekannte Dinosaurer-Art im Keller

Es ist dem mexikanischen Paläontologen Dr. Omar Rafael Regalado Fernández und seinem deutschen Kollegen PD Dr. Ingmar Werneburg zu verdanken, dass eine 1922 an der Trossinger Fundstelle „Rutschete“ entdeckte und 100 Jahre lang im Keller der Universität Tübingen aufbewahrte Hüfte 2022 als bisher unbekannte Art der Dinosaurier erkannt wurde. Die wissenschaftliche Erstbeschreibung der neuen Spezies namens *Tuebingosaurus maierfritzorum* erfolgte anhand eines Fundes mit der Inventar-Nummer GPIT-PV-30787 oder GPIT IV.

Jene Hüfte hat man ursprünglich der Art *Gresslyosaurus plieningeri* zugeordnet. Diese Spezies wurde 1905 von Professor Friedrich von Huene (1875–1969), dem Leiter der zweiten großen Grabung an der Trossinger Fundstelle „Rutschete“ von 1921 bis 1923 und Altmeister der Dinosauier-Forschung in der ersten Hälfte des 20. Jahrhunderts, aufgestellt. Von Huene ehrte mit diesem wissenschaftlichen Namen den Schweizer Geologen und Paläontologen Amanz Gressly (1814–1864) und den Stuttgarter Lehrer Theodor Plieninger (1795–1879). Später hat man die erwähnte Hüfte der 1837 von dem Frankfurter Wirbeltier-Paläontologen Hermann von Meyer (1801–1869) beschriebenen Gattung *Plateosaurus* zugerechnet. Letztere wird scherzhaft „Deutscher Lindwurm“ oder Schwäbischer Lindwurm“ genannt.

2016 suchte der in Mexiko geborene Biologe Omar Rafael Regalado Fernández für seine Doktorarbeit über die Diversität (Vielfalt) der Plateosaurier nach vergleichbaren

PD Dr. Ingmar Werneburg (links)
und Dr. Omar Rafael Regalado Fernández (rechts)
halten einen Oberschenkel
des Tuebingosaurus maierfritzorum.
Foto: Valentin Marquardt/Universität Tübingen

Skeletten in Europa. Zu Beginn seiner wissenschaftlichen Karriere an der Nationalen Autonomen Universität von Mexiko (UNAM) erforschte er Dreilapp-Krebse (Trilobiten). Danach studierte er am University College London (UCL) mit einem Stipendium des Nationalen Rates für Wissenschaft und Technologie in Mexiko (CONACYT), um über Dinosaurier zu promovieren. Dabei wollte er sich auch die Sammlungen der Universität Tübingen ansehen. Dort lagen einige der Funde, die von Huene bei seiner Grabung von 1921 bis 1923 in Trossingen entdeckt hatte, seit ungefähr 100 Jahren wenig beachtet im Keller.

Dr. Omar Rafael Regalado Fernández und PD Dr. Ingmar Werneburg, seit 2016 Kustos der Paläontologischen Sammlung am Senckenberg-Zentrum für Humanevolution der Universität Tübingen, holten bei der Durchsicht von vermeintlichen *Plateosaurus*-Funden eine massive, 1922 geborgene Hüfte aus einer Schublade. Zu ihrer Überraschung bemerkten die beiden Wissenschaftler schnell, dass diese Hüfte nicht von einem *Plateosaurus* stammt. Der sehr robuste Knochen deutete auf ein Tier hin, das sich zu Lebzeiten vierbeinig fortbewegte. Ein *Plateosaurus* dagegen ging auf zwei Beinen und besaß deshalb eine anders gebaute Hüfte. Einen weiteren Hinweis auf die Art der Fortbewegung lieferte ein fast einen Meter langer, mächtiger Oberschenkel-Knochen des Tieres. „Seine Form passt gut zu einem Vierbeiner", erklärt Dr. Ingmar Werneburg, Er ist ein ausgewiesener Experte, der aus der Form von Knochen auf die Bewegungen schließt, zu denen ein Tier zu Lebzeiten fähig war, und hat Dinosaurier und Schildkröten erforscht.

Die Durchsicht der vermeintlichen Plateosaurier-Funde in Tübingen war eine aufwändige Arbeit. Zuerst mussten Re-

PD Dr. Ingmar Werneburg (links)
und Dr. Omar Rafael Regalado Fernández (rechts)
im Archiv der Paläontologischen Sammlung in Tübingen.
Im Vordergrund die Hüfte
des Tuebingosaurus maierfritzorum.
Foto: Valentin Marquardt/Universität Tübingen

galado Fernández und Werneburg nach Fossilien von Dinosauriern suchen, die zusammen gehören. In der Vergangenheit hatte jeder der Kustoden eigene Gedanken, wie er die Funde in der Sammlung präsentieren wollte. Aus diesem Grund sortierte man die Stücke immer wieder um. Zusammen entdeckte Knochen gelangten häufig in unterschiedliche Teile der Sammlung. Deswegen sichteten Werneburg und Regalado Fernández anfangs Unterlagen des Universitätsarchivs aus früheren Jahrzehnten, um wieder zusammenzubringen, was gemeinsam geborgen worden war. Einer der Funde enthielt offenbar nur Knochen aus dem hinteren Bereich des Körpers.

Werneburg und Regalado Fernández tauschten sich vier Jahre lang über die Ferne aus, durchsuchten Archive und überprüften 100 Jahre alte Aufzeichnungen aus dem Feld. Nachdem Regalado Fernández seine Doktorarbeit abgeschlossen hatte, kehrte er nach Tübingen zurück. Er und Werneburg untersuchten das Teilskelett noch einmal ganz genau: Ein Jahr lang beschrieben sie die Knochen neu, verglichen anatomische Merkmale, machten Fotos, erstellten Stammbäume und stellten schließlich fest, dass sie in der Tübinger Paläontologischen Sammlung eine neue Gattung und Art der Dinosaurier entdeckt hatten.

Viele Knochen der erwähnten Hüfte entsprachen nicht denjenigen eines typischen *Plateosaurus*. Das Teilskelett wies unter anderem eine breitere und kräftiger gebaute Hüfte mit verschmolzenen Kreuzbein-Wirbeln sowie ungewöhnlich große und robuste Langknochen auf. Beides spricht für eine Fortbewegung auf vier Beinen. Das steht im Gegensatz zu den Plateosauriern aus der Obertrias, die den Langhals-Dinosauriern bzw. Elefantenfuß-Dinosauriern (Sauropoden) aus der Jurazeit zwar ähnelten, sich

Zwei Wirbel und weitere Knochen
des Tuebingosaurus maierfritzorum.
Foto: Valentin Marquardt/Universität Tübingen

Zwei Zehenknochen (Mitte) des Tuebingosaurus maierfritzorum *in einer Vitrine des Württemberg-Saals.*
Foto: Valentin Marquardt/Universität Tübingen

Amerikanischer Paläontologe,
Professor Othniel Charles Marsh (1831–1899).
Foto: Library of Congress, Prints and Photographs Division,
Brady-Handy Photograph Collection
(via Wikimedia Commons), Lizenz: gemeinfrei
(Public domain)

aber vermutlich noch auf zwei Beinen fortbewegten. Den Begriff Sauropoda hat 1878 der amerikanische Paläontologe, Professor Othniel Charles Marsh (1831–1899), eingeführt.

Ein altbekannter Plateosaurier hatte ein völlig anderes Wachstum als die erkannte neue Gattung und Art. In Bohrkernen aus langen Beinknochen von Plateosauriern erkannte man unter dem Mikroskop deutlich Ringe, die wie Baumringe Hinweise auf das Alter und Wachstum geben. Ein typischer Plateosaurier-Knochen legt wie ein Baum, der in der warmen Jahreszeit relativ rasch, im Winter dagegen kaum oder gar nicht wächst, in ständigen Wechseln mal schneller und dann wieder langsamer zu. Der als neue Gattung und Art erkannte Dinosaurier hingegen wuchs kontinuierlich heran und erreichte schließlich eine kräftige Körperform.

Der Wissenschaftsjournalist Roland Knauer in Lehen berichtete in „Spektrum.de", solche schwer identifizierbaren Fossilien – wie jene des als neue Gattung und Art identifizierten Dinosauriers – ließen sich heute mit komplizierten und aufwändigen Methoden häufig recht gut bestimmen. Ein Experte hierfür sei Dr. Omar Rafael Regalado Fernández. Er scannt zunächst Funde mit einem Laser, den er in einer Hand hält und mit dem er langsam die einzelnen Partien des fossilen Knochens abtastet. Anhand dieser Daten erstellt ein Computerprogramm ein dreidimensionales Bild des Fossils. Die gewonnenen Daten lassen sich am Computer oft sowie viel besser und genauer als in einer tatsächlichen Sammlung mit den gleichen Knochen bereits erkannter Gattungen und Arten vergleichen. Bei Vergleichen mit unterschiedlichen Algorithmen erzielte Regalado Fernández immer das gleiche Ergebnis. Die unbekannte Gattung und Art passte nicht zu den auf

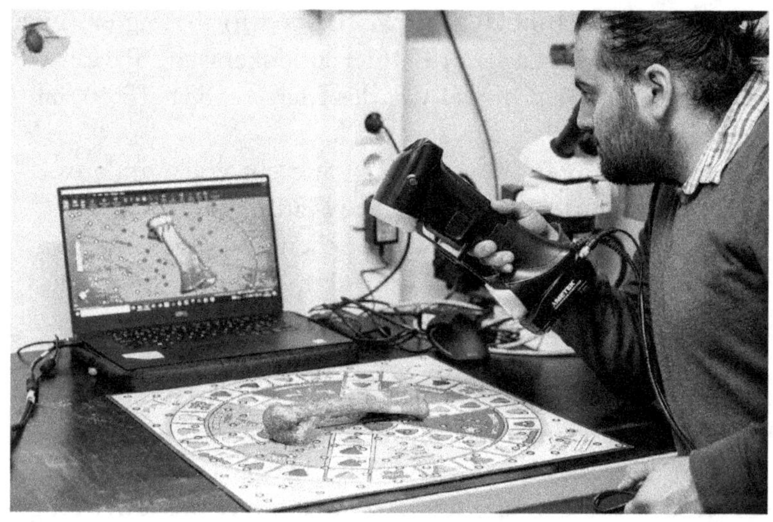

3D-Aufnahme eines Fußknochens von Tuebingosaurus *mit einem Handlaser-Scanner. Die farbige Unterlage mit Reflektor-Punkten (links) dient der Software als räumliches Referenzsystem.*
Foto: Valentin Marquardt/Universität Tübingen

beiden Hinterbeinen laufenden Plateosauriern.
Merklich größere Ähnlichkeiten gab es mit den Langhals-Dinosauriern bzw. Elefantenfuß-Dinosauriern, die man als Sauropoden (Echsenfuß-Dinosaurer) bezeichnet. Diese imposanten Tiere hatten einen kleinen Kopf, langen Hals, nahezu tonnenförmigen Körper, vier elefantenförmige Beine sowie einen langen und kräftigen Schwanz. Die unbekannte Gattung und Art aus Trossingen scheint zwischen Sauropoden und Plateosauriern zu stehen.
Die Sauropoden entwickelten sich teilweise in der Jura- und Kreidezeit zu Giganten. So erreichte die Gattung *Argentinosaurus* eine Länge von schätzungsweise 30 Metern und ein Lebendgewicht von vielleicht 70 Tonnen. Die unbekannte Gattung und Art aus Trossingen brachte es eventuell auf eine Länge von sechs, sieben oder acht Metern – so schätzt Werneburg – und ein Lebendgewicht zwischen demjenigen heutiger Rinder und Elefanten.
Nach einem eingehenden Vergleich aller anatomischen Merkmale ordneten Regalado Fernández und Werneburg das aus Trossingen stammende Teilskelett neu im Dinosaurier-Stammbaum ein. Sie stellten fest, dass sie eine bislang unbekannte Gattung und Art entdeckt hatten. *Tuebingosaurus maierfritzorum* war mit großer Wahrscheinlichkeit schon ein Vierbeiner und viel enger mit den später erscheinenden, großen Sauropoden – wie dem 23 Meter langen und 13 Meter hohen *Brachiosaurus* oder dem 27 Meter langen *Diplodocus* – verwandt als mit den Plateosauriern. Das umgebende Gestein und die Erhaltung der Knochen deuten darauf hin, dass der 1922 gefundene *Tuebingosaurus* in einem sumpfigen Gebiet versank und zu Tode kam. Die Knochen der linken Körperseite waren vermutlich einige Jahre lang an der Oberfläche der Witterung ausgesetzt.

Schätzungsweise 30 Meter lang und vielleicht 70 Tonnen schwer: der Elefantenfuß-Dinosaurier Argentinosaurus *aus der Oberkreidezeit.*
Bild: Dinosaur Zoo / CC BY-SA 3.0 (via Wikimedia Commons), lizensiert unter Creative-Commons-Lizenz by-sa-3.0, https://creativecommons.org/licenses/by-sa/3.0/legalcode

23 Meter lang und 13 Meter hoch:
der Elefantenfuß-Dinosaurier Brachiosaurus
aus der Oberjurazeit.
Bild: Dmitry Bogdanov
(via Wikimedia Commons),
Lizenz: gemeinfrei (Public domain)

27 Meter lamg: der Elefantenfuß-Dinosaurier Diplodocus *aus der Oberjurazeit.*
Bild: Dmitry Bogdanov / CC BY-SA 3.0 (via Wikimedia Commons),

2022 veröffentlichten Regalado Fernández und Werneburg in der Fachzeitschrft „Vertebrate Zoology" ihre Erkenntnisse über den neu entdeckten pflanzenfressenden Trossinger Dinosaurier aus der Obertrias vor 211 bis 203 Millionen Jahren. Sie gaben diesem – laut Dinosaurierdata.de – 2,30 Meter hohen, sechs Meter langen und zu Lebzeiten zwei Tonnen schweren Dinosaurier den wissenschaftlichen Namen *Tuebingosaurus maierfritzorum*. Der Gattungsname *Tuebingosaurus* erinnert an die Universitätsstadt Tübingen, in der die bis dahin unbekannte Gattung beschrieben wurde und in der diese Fossilien seit 100 Jahren aufbewahrt werden. Mit dem Artnamen *maierfritzorum* werden der Tübinger Zoologe, Professor Wolfgang Maier, und der Leiter des Museums für Tierkunde der Senckenberg Naturhistorischen Sammlungen Dresden, Professor Uwe Fritz, geehrt. Fritz gilt als einer der besten Schildkröten-Spezialisten unserer Zeit und fungiert als Herausgeber der Fachzeitschrift „Vertebrate Zoology", die anlässlich des 80. Geburtstages von Professor Maier am 4. August 2022 eine Festschrift zu dessen Ehren herausgab. Maier und Fritz haben die Forschungslaufbahn von Werneberg stark geprägt.

Die Skelettreste von *Tuebingosaurus* wurden früher aus verschiedenen Gründen der Gattung *Plateosaurus* zugeordnet. Sie haben eine ähnliche Größe, gleich viele und gleich große Wirbel und insgesamt einen sehr ähnlichen Aufbau. Weil das Skelett von *Tuebingosaurus* in derselben Schicht wie *Plateurosaurus*-Skelette geborgen wurde, und diese Tiere häufig vorkamen, ordnete man die *Tuebingosaurus*-Knochen zunächst den Plateosauriern zu. *Plateosaurus* und *Tuebingosaurus* lebten zur selben Zeit – nämlich in der späten Trias. Man könne sich das in etwa so vorstellen wie bei

Lebensbild des Raubdinosauriers Liliensternus *aus der Obertriaszeit.*
Bild: Nobu Tamura / http://paleoexhibit.blogspot.com / http://spinops.blogspot.com /CC BY-SA 3.0 (via Wikimedia Commons),

Halbaffen, Schimpansen und Menschen, sagt Werneburg. Diese Tiere würden ebenfalls gleichzeitig leben und doch unterschiedlich nah miteinander verwandt sein. Da sie in denselben Schichten lagen, könnten Plateosaurier und Tuebingosaurier in lockeren Herden zusammengelebt haben, ähnlich wie Zebras und Gnus heute in der Serengeti.
Bei der neu entdeckten Gattung und Art aus Trossingen fehlt der Schädel und kennt man auch keine Zähne. Weil alle bisher entdeckten Plateosaurier und Sauropoden Pflanzenfresser waren, hält man auch *Tuebingosaurus* für einen Pflanzenfresser.
Die Trossingen-Formation wird inzwischen als ständige Ansammlung versumpfter Kadaver betrachtet, die jahrhundertelang von einem Fluss abgelagert wurden. Weitere Großtiere neben *Tuebingosaurus* waren der bis zu 5,15 Meter lange Raub-Dinosaurier *Liliensternus*, mehrere pflanzenfressende Dinosaurier wie *Plateosaurus* sowie Formen, die einer wissenschaftichen Überarbeitung bedürfen.
Ein gefährlicher Zeitgenosse des Dinosauriers *Tuebingsaurus* war der bis zu sechs Meter lange und schätzungsweise 700 Kilogramm schwere Raubsaurier *Teratosaurus* („Monster-Echse“). Ein Skelett von *Teratosaurus* wurde im Sommer 1906 von dem Tübinger Professor Ernst Koken in einem Stubensandstein-Bruch der Unteren Mühle bei Trossingen entdeckt und von Friedrich von Huene geborgen. Der Frankfurter Wirbeltier-Paläontologe Hermann von Meyer hat diesen Räuber 1861 erstmals beschrieben. Eine Rekonstruktion von *Tuebingosaurus* in sumpfigem Gebiet zeigt, wie dieser von einem *Teratosaurus* angegriffen wird. Konkrete Anhaltspunkte hierfür liegen aber vom Fundort Trossingen nicht vor. Lange Zeit wurde *Terato-*

Rekonstruktion des Tuebingosaurus maierfritzorum *in sumpfigem Gebiet.*
Bild: Marcus Burkhardt

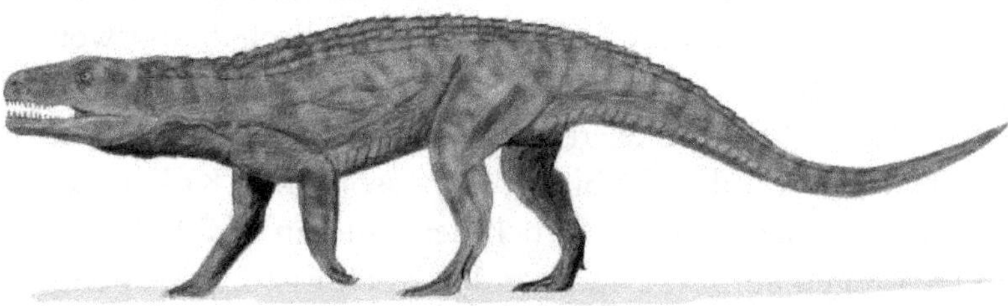

Raubsaurier Teratosaurus *(„Monster-Echse“).*
Bild: Nobu Tamura (http://spinops.blogspot.com) / CC BY-SA 3.0 (via Wikimedia Commons),
lizensiert unter Creative-Commons-Lizenz by-sa-3.0, https://creativecommons.org/licenses/by-sa/3.0/legalcode

saurus als Raub-Dinosaurier fehlgedeutet. Heute betrachtet man ihn als Gattung der Rauisuchidae, die zu einer Gruppe ausgestorbener, fleischfressender Archosaurier gehört. *Teratosaurus* besaß relativ lange und starke Arme. Seine Hinterbeine hatten vier Zehen. *Teratosaurus* lief aber nur auf drei Zehen. Die vierte Zehe war reduziert und berührte den Boden nicht.

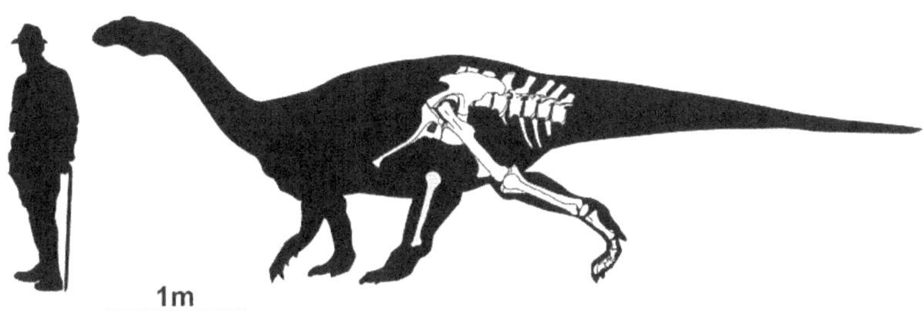

Darstellung der gefundenen Knochen
des Tuebingosaurus maierfritzorum *mit Schattenriss.*
Links daneben ist Professor Friedrich von Huene abgebildet.
Bild: Dr. Omar Rafael Regalado Fernández /
PD Dr. Ingmar Werneburg

Raub-Dinosaurier Compsognathus longipes
aus der Oberjurazeit.
Rekonstruktion des dänischen Ornithologen
Gerhard Heilmann (1859–1946) von Compsognathus *(1925)*

Dinosaurier-Funde in Deutschland

1834: Entdeckung des ersten Dinosauriers *(Plateosaurus engelhardti)* in Deutschland in Franken

1837: Hermann von Meyer beschreibt *Plateosaurus engelhardti* aus Franken

Um 1840: Wilhelm Dunker entdeckt bei Obernkirchen (Niedersachsen) einen Zahn des Leguanzahn-Dinosauriers *Iguanodon*

1857: Hermann von Meyer beschreibt *Stenopelix valdensis* aus den Bückebergen (Niedersachsen)

1859: Andreas Wagner beschreibt *Compsognathus longipes* aus Kelheim oder Jachenhausen bei Riedenburg (Bayern)

1861: Hermann von Meyer bezeichnet eine 1860 in Solnhofen entdeckte Feder als *Archaeopteryx lithographica.* 1861 findet man bei Langenaltheim das erste Skelettexemplar eines Urvogels, den man ebenfalls *Archaeopteryx* zurechnet. *Archaeopteryx* gilt heute als Raub-Dinosaurier.

1879–1881: Erste Fährtenfunde in den Bückebergen und den Rehburger Bergen (Niedersachsen)

1904: Erste Knochenfunde in Trossingen (Baden-Württemberg)

Rundliche Fußabdrücke vom Elefantenfuß-Dinosaurier und dreizehige Fußabdrücke vom Raubtierfuß-Dinosaurier von Bad Essen-Barkhausen (Kreis Osnabrück) in Niedersachsen. Foto: Basotxerri / CC BY-SA 4.0 (via Wikimedia Commons), lizensiert unter Creative-Commons-Lizenz by-sa-4.0, https://creativecommons.org/licenses/by-sa/4.0/legalcode

1908: Friedrich von Huene beschreibt *Sellosaurus gracilis* (heute: *Plateosaurus gracilis)* und *Halticosaurus longotarsus* (heute: *Liliensternus liliensterni)*

1909: *Procompsognathus* wird am Nordhang des Stromberges bei Pfaffenhofen (Baden-Württemberg) entdeckt

1909: Der Schüler Hermann Weiß entdeckt Plateosaurier-Knochen in Trossingen

1909: Erste Dinosaurier-Skelettfunde in Halberstadt (Sachsen-Anhalt)

1910: Die Grabungen in Halberstadt beginnen

1911: Wichtige Fährtenfunde im Keuper Württembergs

1911–1912: Erste Trossinger Grabung

1913: Eberhard Fraas beschreibt *Procompsognathus triassicus* vom Nordhang des Stromberges bei Pfaffenhofen (Baden-Württemberg)

1921: Die Barkhausener Dinosaurier-Fährten (Niedersachsen) werden entdeckt;

1921: Friedrich von Huene beschreibt *Halticosaurus orbitoangulatus*

1921–1923: Zweite Trossinger Grabung

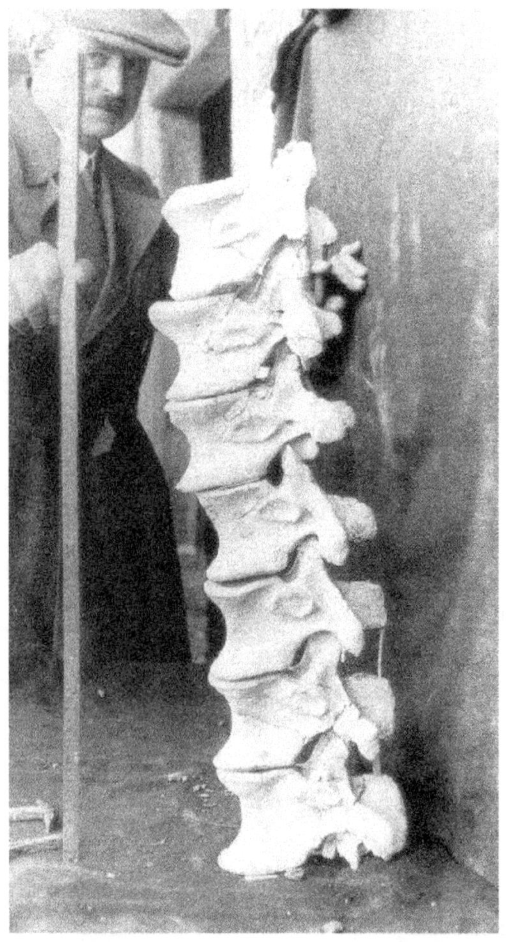

Dr. Hugo Rühle von Lilienstern (1882–1946), Arzt und Amateur-Paläontologe, mit der Wirbelsäule eines Plateosaurus, *den er zusammen mit dem Raub-Dinosaurier* Liliensternus *am Großen Gleichberg in Thüringen 1932/33 entdeckte.*
Foto: Museum für Naturkunde der Humboldt-Universität Berlin, Geologisch-Paläontologoisches Institut

1932: Dritte Trossinger Grabung. Bei insgesamt sechs Grabungen (1911, 1912, 1921, 1922, 1923, 1932) werden Reste von fast 100 Plateosauriern geborgen

1932/1933: Hugo Rühle von Lilienstern gräbt am Großen Gleichberg in Thüringen zwei Skelette von *Plateosaurus* und zwei weitere von *Liliensternus* (früher: *Halticosaurus*) aus

1934: Willi Weiss entdeckt in Franken die Fährte *Coeluro-saurichnus schlauersbachensis*

1948: Die Fährte *Coelurosaurichnus (Dinosaurichnium) moeni* wird beschrieben

1950: Karl Beurlen beschreibt die Fährte *Coelurosaurichnus kehli;*

1950: Kurt Rehnelt beschreibt die Fährten *Coelurosaurichnus schlehenbergensis* und *Coelurosaurichnus kronbergeri*

1952: Florian Heller beschreibt die Fährte *Coelurosaurichnus metzneri*,,die ab 1986 der Fährtengattung A*treipus* *z*ugerechnet wird

1958: Oskar Kuhn beschreibt zwei Dinosaurier-Fährten aus Franken: *Coelurosaurichnus ziegelangerensis* und *Coeluro-saurichnus sassendorfensis*

1963: *Emausaurus* wird in einer Tongrube bei Greifswald (Mecklenburg-Vorpommern) entdeckt

Gepanzerter Dinosaurier Emausaurus ernsti.
Bild: Walter Windolf, München

1975: Erste Dinosaurierknochen aus Nehden bei Brilon (Nordrhein-Westfalen) tauchen auf

1978: Rupert Wild beschreibt *Ohmdenosaurus liasicus* aus der Gegend von Ohmden (Baden-Württemberg)

1979: Die Münchehagener Dinosaurierfährten werden entdeckt

1979–1982: Ausgrabungen in Nehden mit großartigen Funden der Leguanzahn-Dinosaurier *Iguanodon atherfieldensis* und *Iguanodon bernissartensis*

1982: Im Wiehengebirge (Nordrhein-Westfalen) wird ein Schwanzstachel-Fragment des vermeintlichen Stegosauriers *Lexovisaurus* entdeckt;

1982: Kurt Rehnelt beschreibt die Fährte *Coelurosaurichnus arntzeniusi*

1988: Im Stromberg bei Pfaffenhofen (Baden-Württemberg) kommt die Fährte eines *Procompsognathus* ähnelnden Raubdinosauriers samt Hautabdruck zum Vorschein

1989: In Baden-Württemberg wird anhand einer Fährte ein weiterer Raubtierfuß-Dinosaurier (Theropode) nachgewiesen, der Sy*ntarsus* gleicht

1990: Der gepanzerte Dinosaurier *Emausaurus ernsti* aus einer Tongrube bei Greifswald (Mecklenburg-Vorpommern) wird von Hartmut Haubold beschrieben

Raub-Dinosaurier Juravenator *aus einem Steinbruch bei Schamhaupten in Oberbayern im „Jura-Museum" in Eichstätt.*
Foto: Superikonoskop / CC BY-SA 3.0 (via Wikimedia Commons), lizensiert unter Creative-Commons-Lizenz by-sa-3.0, https://creativecommons.org/licenses/by-sa/3.0/legalcode

1991: Neue Fährtenfunde eines großen Raubtierfuß-Dinosauriers in Baden-Württemberg

2004: In Münchehagen (Niedersachsen) werden nahe der 1979 entdeckten alten Fundstelle weitere Dinosaurier-Fährten gefunden

2006: P. Martin Sander, Octávio Mateus, Thomas Laven und Nils Knötschke beschreiben den Elefantenfuß-Dinosaurier *Europasaurus holgeri* aus dem Kalksteinbruch Langenberg bei Göttingerode (Niedersachsen). Der Artname erinnert an den Entdecker Holger Lüdtke.

2006: Ursula B. Göhlich und Louis M. Chiappe beschreiben den 1998 in Schamhaupten bei Eichstätt (Bayern) entdeckten Raub-Dinosaurier *Juravenator starki*

2007: Die Dinosaurier-Fährten von Obernkirchen (Niedersachsen) werden entdeckt

2012: Oliver Rauhut, Christian Foth, Helmut Tischlinger und Mark A. Norell beschreiben den 2009 oder 2010 bei Painten unweit von Kelheim (Bayern) ausgegrabenen Raub-Dinosaurier *Sciurumimus albersdoerferi*

2016: Oliver Rauhut, Tom R.. Hübner und Klaus-Peter Lanser beschreiben den 1998 von dem Geologen Friedrich Albati im Wiehengebirge bei Minden (Nordrhein-Westfalen) entdeckten Raub-Dinosaurier *Wiehenvenator albati*

2017: Oliver Rauhut und Christian Foth identifizieren ein 1855 in Jachenhausen bei Riedenburg (Bayern) geborgenes

Fossil als Raub-Dinosaurier und nennen es *Ostromia crassipes*. Vorher galt dieser Fund, der im „Teylers Museum" in Haarlem (Niederlande) aufbewahrt wird, als Urvogel.

2022: Ingmar Werneburg und Omar Rafael Regalado Fernández beschreiben eine 1922 von Friedrich von Huene bei Trossingen entdeckte, *Plateosaurus* zugeschriebene und in der Paläontologischen Sammlung der Universität Tübingen aufbewahrte Hüfte als neue Gattung und Art namens *Tuebingosaurus maierfritzorum*.

Literatur

DINODATA.DE: *Tuebingosaurus maierfritzorum.* https://dinodata.de/animals/dinosaurs/pages_t/tuebingosaurus.php

EBERHARD-KARLS-UNIVERSITÄT TÜBINGEN: Bislang unbekannte Dinosaurier-Art in Südwestdeutschland identifiziert. *Tuebingosaurus maierfritzorum* lebte auf der Schwäbischen Alb – Paläontologen klassifizieren seit 100 Jahren bekannten Fund neu. 8. September 2022. https://uni-tuebingen.de/universitaet/aktuelles-und-publikationen/newsfullview-aktuell/article/bislang-unbekannte-dinosaurier-art-in-suedwestdeutschland-identifiziert/

HUENE, Friedrich von: Die Dinosaurier der europäischen Triasformation mit Berücksichtigung der aussereuropäischen Vorkommnisse. In: Geologische und Paläontologische Abhandlungen. Jena 1907–1908.

KAINZ, Julia: Neue Dinosaurierart entdeckt: So kam es zu dem Fund in Tübingen. In: National Geographic, 12. Dezember 2022.

KNAUER, Roland: Die Wahrheit über den Schwaben-Lindwurm. In: Spektrum.de, 8. September 2022.

MEYER, Christian Erich Hermann von: Reptilien aus dem Stubensandstein des oberen Keupers. In: Palaeontographica 7: S. 253–346, 1861.

PROBST, Ernst: Pioniere der Urzeitforschung: Eberhard Fraas. In: Deutschland in der Urzeit. Von der Entstehung des Lebens bis zum Ende der Eiszeit. S. 383, München 1986.

PROBST, Ernst: Pioniere der Urzeitforschung: Friedrich

von Huene. In: Deutschland in der Urzeit. Von der Entstehung des Lebens bis zum Ende der Eiszeit. S., 385, München 1986.

PROBST, Ernst / WINDOLF, Raymund: Der erste in Deutschland gefundene Dinosaurier In: Dinosaurier in Deutschland. S. 37–41, München 1993.

PROBST, Ernst / WINDOLF, Raymund: Die erste Trossinger Grabung 1911 und 1912. In: Dinosaurier in Deutschland. S. 58–69, München 1993.

PROBST, Ernst / WINDOLF, Raymund: Die zweiten Trossinger Grabungen 1921 und 1923. In: Dinosaurier in Deutschland. S. 69–73, München 1993.

PROBST, Ernst / WINDOLF, Raymund: Die dritte und letzte Grabung in Trossingen 1932. In: Dinosaurier in Deutschland. S. 74–78, München 1993.

PROBST, Ernst / WINDOLF, Raymund: *Liliensternus*: Ein Raubdinosaurier aus der Triaszeit, 2019.

REGALADO FERNÁNDEZ, Omar Rafael / WERNEBURG, Ingmar: A new massopodan sauropodomorph from Trossingen Formation (Germany) hidden as „*Plateosaurus*“ for 100 years in the historical Tübingen collection. In: *Vertebrate Zoology* 72. Festschrift in Honour of Professor Dr. Wolfgang Maier; Edited by Ingmar Werneburg: S. 771–822, 2022.

REGALADO FERNÁNDEZ, Omar Rafael / STÖHR, Henrik / KÄSTLE, Benedikt / WERNEBURG, Ingmar: Diversity and taxonomy of the Late Triassic sauropodomorphs (Saurischia, Sauropodomorpha) stored in the Palaeontological Collection of Tübingen, Germany, historically referred to Plateosaurus (im Druck).

SCHOCH, Rainer / NEIPP, Volker: Auf Saurierjagd in Trossingen – Grabungen seit hundert Jahren. In: Schwäbische Heimat 2011/2.

SEIDL, Ernst / BIERENDE, Edgar / WERNEBURG, Ingmar (Herausgeber): Aus der Tiefenzeit. Die Paläontologische Sammlung der Universität Tübingen, Tübingen 2021.

SPIEGEL WISSENSCHAFT: *Tuebingosaurus maierfritzorum* – Forscher der Uni Tübingen finden neue Saurierart. 8. September 2022.

WIKIPEDIA (Online-Lexikon): Robert Bosch. https://de.wikipedia.org/wiki/Robert_Bosch

WIKIPEDIA (Online-Lexikon): Friedrich von Huene. https://de.wikipedia.org/wiki/Friedrich_von_Huene

WIKIPEDIA (Online-Lexikon): William Diller Matthew. https://de.wikipedia.org/wiki/William_Diller_Matthew

WIKIPEDIA (Online-Lexikon): *Plateosaurus*. https://de.wikipedia.org/wiki/Plateosaurus

WIKIPEDIA (Online-Lexikon): Rainer Schoch (Paläontologe) https://de.wikipedia.org/wiki/Rainer_Schoch_(Pal%C3%A4ontologe)

WIKIPEDIA (Online-Lexikon): Reinhold Seemann. https://de.wikipedia.org/wiki/Reinhold_Seemann

WIKIPEDIA (Online-Lexikon): *Teratosaurus*. https://de.wikipedia.org/wiki/Teratosaurus

WIKIPEDIA (Online-Lexikon): *Tuebingosaurus*. https://en.wikipedia.org/wiki/Tuebingosaurus

WIKIPEDIA (Online-Lexikon): Max Urlichs). https://de.wikipedia.org/wiki/Max_Urlichs

WINDOLF, Raymund: *Brachiosaurus*. In: Dinosaurier-Lexikon. Das aktuelle Wissen über die Dinosaurier von ihren Anfängen bis zum Aussterben. S. 44, Korb 1989.

WINDOLF, Raymund: *Diplodocus*. In: Dinosaurier-Lexikon. Das aktuelle Wissen über die Dinosaurier von ihren Anfängen bis zum Aussterben. S. 61–62, Korb 1989.

Autor Ernst Probst.
Foto: Klaus Benz, Fotograf, Mainz-Laubenheim

Der Autor

Ernst Probst, geboren am 20. Januar 1946 in Neunburg vorm Wald im bayerischen Regierungsbezirk Oberpfalz, ist Journalist und Wissenschaftsautor. Er arbeitete von 1968 bis 1971 bei den „Nürnberger Nachrichten", von 1971 bis 1973 in der Zentralredaktion des „Ring Nordbayerischer Tageszeitungen" in Bayreuth und von 1973 bis 2001 bei der „Allgemeinen Zeitung", Mainz. In seiner Freizeit schrieb er Artikel für die „Frankfurter Allgemeine Zeitung", „Süddeutsche Zeitung", „Die Welt", „Frankfurter Rundschau", „Neue Zürcher Zeitung", „Tages-Anzeiger", Zürich, „Salzburger Nachrichten", „Die Zeit", „Rheinischer Merkur", „Deutsches Allgemeines Sonntagsblatt", „bild der wissenschaft", „kosmos", „Deutsche Presse-Agentur" (dpa), „Associated Press" (AP) und den „Deutschen Forschungsdienst" (df). Aus seiner Feder stammen die Bücher „Deutschland in der Urzeit" (1986), „Deutschland in der Steinzeit" (1991), „Rekorde der Urzeit" (1992), „Dinosaurier in Deutschland" (1993 zusammen mit Raymund Windolf) und „Deutschland in der Bronzezeit" (1996). Von 2001 bis 2006 betätigte sich Ernst Probst als Buchverleger sowie zeitweise als internationaler Fossilienhändler und Antiquitätenhändler. Insgesamt veröffentlichte er etwa 450 Bücher, Taschenbücher, Broschüren und rund 450 E-Books.

Raubdinosaurier in Bayern

Von Archaeopteryx bis zu Sciurumimus

Titelbilder: Urvogel Archaeopteryx
(links oben und rechts)
sowie Raubdinosaurier Compsognathus
(links unten).
Zeichnungen: Gerhard Heilmann
(1859–1946)

Buch „Raubdinosaurier in Bayern.
Von Archaeopteryx bis zu Sciurumimus" von Ernst Probst

Bücher von Ernst Probst

(Auswahl)

Meteoriten. Die wichtigsten Funde und Krater
Große Kometen. Schweifsterne in Wort und Bild
Rekorde der Urzeit. Landschaften, Pflanzen und Tiere
Wer war der Stammvater der Insekten? Interview mit dem Stuttgarter Biologen und Paläontologen Dr. Günther Bechly
Flugsaurier in Deutschland. Von Dorygnathus bis zu Targaryendraco
Dinosaurier von A bis K. Von Abelisaurus bis zu Kritosaurus
Dinosaurier von L bis Z. Von Labocania bis zu Zupaysaurus
Raub-Dinosaurier von A bis Z. Mit Zeichnungen von Dmitry Bogdanav und Nobu Tamura
Raubdinosaurier in Bayern. Von Archaeopteryx bis zu Sciurumimus
Tuebingosaurus. Der verkannte Dinosaurier aus Trossingen
Der rätselhafte Spinosaurus. Leben und Werk des Forschers Ernst Stromer von Reichenbach
Hermann von Meyer. Der große Naturforscher aus Frankfurt am Main
Als Mainz noch nicht am Rhein lag
Der Ur-Rhein. Rheinhessen vor zehn Millionen Jahren
Der Rhein-Elefant. Das Schreckenstier von Eppelsheim
Krallentiere am Ur-Rhein
Säbelzahntiger am Ur-Rhein. Machairodus und Paramachairodus
Säbelzahnkatzen. Von Machairodus bis zu Smilodon

Die Säbelzahnkatze Machairodus
Menschenaffen am Ur-Rhein
Johann Jakob Kaup. Der große Naturforscher aus Darmstadt
Neues vom Ur-Rhein. Interview mit dem Geologen und Paläontologen Dr. Jens Sommer
Deutschland im Eiszeitalter
Wiesbaden vor 600.000 Jahren. Die Fossilien der Mosbach-Sande
Der Europäische Jaguar
Der Mosbacher Löwe. Die riesige Raubkatze aus Wiesbaden
Die Säbelzahnkatze Homotherium
Die Dolchzahnkatze Megantereon
Die Dolchzahnkatze Smilodon
Eiszeitliche Geparde in Deutschland
Eiszeitliche Leoparden in Deutschland
Höhlenlöwen. Raubkatzen im Eiszeitalter
Die Altsteinzeit.
Anno 1.000.000. Deutschland in der älteren Altsteinzeit
Rekorde der Urmenschen. Erfindungen, Kunst und Religion
Mainz in der Steinzeit
Wiesbaden in der Steinzeit
Die Altsteinzeit in Österreich. Jäger und Sammler vor 250.000 bis 10.000 Jahren
Die Schweiz in der Altsteinzeit
Die Lanze von Lehringen. Der Jahrhundertfund aus der Altsteinzeit
Das Moustérien – die große Zeit der Neanderthaler
Das Moustérien in Österreich
Das Aurignacien.
Das Aurignacien in Österreich

Das Gravettien
Das Gravettien in Österreich
Das Magdalénien
Das Magdalénien in Österreich
Die Hamburger Kultur
Das Steinzeit-Grab von Bonn-Oberkassel. Ein rätselhafter Fund aus der Zeit der Federmesser-Gruppen
Die Ahrensburger Kultur
Die Mittelsteinzeit
Die Mittelsteinzeit in Baden-Württemberg
Die Mittelsteinzeit in Bayern
Die Mittelsteinzeit in Hessen
Die Mittelsteinzeit in Rheinland-Pfalz
Die Mittelsteinzeit in Nordrhein-Westfalen
Die Mittelsteinzeit in Niedersachsen
Die Mittelsteinzeit in Thüringen, Sachsen-Anhalt, Sachsen und im südlichen Brandenburg
Die Mittelsteinzeit in Schleswig-Holstein, Mecklenburg und im nördlichen Brandenburg
Die ersten Bauern in Deutschland: Die Linienbandkeramische Kultur (5500 bis 4900 v. Chr.)
Die Erteбölle-Ellerbek-Kultur. Eine Kultur der Jungsteinzeit vor etwa 5.000 bis 4.300 v. Chr.
Die Hinkelstein-Gruppe. Eine Kulturstufe der Jungsteinzeit vor etwa 4.900 bis 4.800 v. Chr.
Die Stichbandkeramik. Eine Kultur der Jungsteinzeit vor etwa 4.900 bis 4.500 v. Chr.
Die Oberlauterbacher Gruppe. Eine Kulturstufe der Jungsteinzeit vor etwa 4.900 bis 4.500 v. Chr.
Die Rössener Kultur. Eine Kultur der Jungsteinzeit vor etwa 4.600 bis 4.300 v. Chr.
Die Michelsberger Kultur. Eine Kultur der Jungsteinzeit vor

Die Oldenburg-emsländische Gruppe
Die Urnenfelder-Kultur in Deutschland
Die ältere Niederrheinische Grabhügel-Kultur
Die Unstrut-Gruppe
Die Helmsdorfer Gruppe
Die Saalemündungs-Gruppe
Die Lausitzer Kultur in Deutschland
Österreich in der Frühbronzezeit
Österreich in der Mittelbronzezeit
Österreich in der Spätbronzezeit
Die Schweiz in der Frühbronzezeit
Die Rhône-Kultur in der Westschweiz
Die Arbon-Kultur in der Schweiz
Die Schweiz in der Mittelbronzezeit
Die Schweiz in der Spätbronzezeit
Superfrauen aus dem Wilden Westen
Superfrauen 1 – Geschichte
Superfrauen 2 – Religion
Superfrauen 3 – Politik
Superfrauen 4 – Wirtschaft und Verkehr
Superfrauen 5 – Wissenschaft
Superfrauen 6 – Medizin
Superfrauen 7 – Film und Theater
Superfrauen 8 – Literatur
Superfrauen 9 – Malerei und Fotografie
Superfrauen 10 – Musik und Tanz
Superfrauen 11 – Feminismus und Familie
Superfrauen 12 – Sport
Superfrauen 13 – Mode und Kosmetik
Superfrauen 14 – Medien und Astrologie
Königinnen des Tanzes
Malende Superfrauen

Hildegard von Bingen. Die deutsche Prophetin
Der Schwarze Peter. Ein Räuber im Hunsrück und Odenwald
Julchen Blasius. Die Räuberbraut des Schinderhannes
Pompadour und Dubarry. Die Mätressen von Louis XV.
Sieben berühmte Indianerinnen. Malinche – Pocahontas – Cockacoeske – Katerí Tekakwitha – Sacajawea – Mohongo – Lozen
Meine Worte sind wie die Sterne Die Entstehung der Rede des Häuptlings Seattle (zusammen mit Sonja Probst, verheiratete Werner)
Königinnen der Lüfte
Königinnen der Lüfte in Deutschland
Königinnen der Lüfte in Europa
Königinnen der Lüfte in Frankreich
Königinnen der Lüfte in England und Australien
Königinnen der Lüfte in Amerika
Königinnen der Lüfte von A bis Z
Frauen im Weltall
Christl-Marie Schultes. Die erste Fliegerin in Bayern (zusammen mit Theo Lederer)
Sturzflüge für Deutschland. Kurzbiografie der Testpilotin Melitta Schenk Gräfin von Stauffenberg
(zusammen mit Heiko Peter Melle)
Tony und Bruno Werntgen. Zwei Leben für die Luftfahrt (zusammen mit Paul Wirtz)
Seeungeheuer: 100 Monster von A bis Z
Nessie. Das Monsterbuch
Affenmenschen. Von Bigfoot bis zum Yeti
Der Tatzelwurm. Das Rätseltier aus den Alpen
Wer ist der kleinste Dinosaurier? Interviews mit dem Wissenschaftsautor Ernst Probst

www.ingramcontent.com/pod-product-compliance
Lightning Source LLC
LaVergne TN
LVHW010433230826
846092LV00009BA/1146

* 9 7 9 8 3 9 4 9 9 6 7 4 0 *